LA MÉTÉOROLOGIE

APPLIQUÉE A L'AÉROSTATION

Capitaine du génie BOUTTIEAUX

LA

MÉTÉOROLOGIE

APPLIQUÉE

A L'AÉROSTATION

PARIS

HENRI CHARLES-LAVAUZELLE

Éditeur militaire

118, Boulevard Saint-Germain, Rue Danton, 10

—

(MÊME MAISON A LIMOGES)

INTRODUCTION

Définitions.

On donne le nom de météorologie à la science qui s'occupe de la connaissance des différents états de l'atmosphère et des phénomènes qui s'y produisent ou météores.

Elle a pour objet de rechercher les causes qui donnent naissance à ces différents états et à ces phénomènes, ainsi que d'appliquer à la prédiction de l'état futur du temps les conséquences qui découlent logiquement des observations précédemment faites.

Ces causes dérivent toutes du soleil et de la puissante action qu'il exerce sur toute notre planète. C'est lui qui produit la chaleur, qui provoque les variations du temps et donne naissance aux météores.

On distingue les *météores aériens*, qui sont les vents, les ouragans, les tempêtes et les trombes ; les *météores aqueux*, qui comprennent les nuages, les brouillards, la rosée, la pluie, la neige, la grêle, et les *météores lumineux*, comme la foudre, les aurores boréales, l'arc-en-ciel, les halos, etc.

On appelle *éléments météorologiques* les différents phénomènes dont l'ensemble constitue l'état atmosphérique d'un lieu. Ces éléments sont : la température, la pression atmosphérique, la quantité de vapeur d'eau, le mouvement de l'air ou vent, la forme des nuages, leur quantité et leur précipitation aqueuse, telle que pluie, neige ou grêle.

L'état habituel des divers éléments météorologiques dans un lieu donné et la connaissance de leurs variations régulières diurnes et annuelles constituent ce qu'on appelle le climat de ce lieu. La science qui se rapporte à cette étude est la climatologie.

La météorologie proprement dite, ou météorologie pratique, s'occupe des circonstances atmosphériques de chaque jour et de leurs changements réguliers ou irréguliers ; elle traite donc principalement de ce que l'on désigne sous le nom de temps dans le langage ordinaire.

LA MÉTÉOROLOGIE

APPLIQUÉE A L'AÉROSTATION

CHAPITRE PREMIER

L'ATMOSPHÈRE

Composition de l'air atmosphérique.

L'atmosphère qui environne la terre de toutes parts est principalement formée d'air atmosphérique, mélange de 21 parties d'oxygène, 78 parties d'azote et 1 d'argon. Cette dernière proportion est partout la même, sous toutes les zones et à toutes les latitudes, en raison des bouleversements continuels qui mélangent les différentes couches; l'air rapporté de 7.000 mètres de hauteur par Gay-Lussac, lors de son voyage aérostatique, avait exactement la même composition que celui qui se trouve à la surface de la terre; de même pour les échantillons rapportés par les ballons-sondes qui, dans ces dernières années, se sont élevés jusqu'à la hauteur de 16.500 mètres (ascension du 18 février 1897).

L'air renferme, en outre, une certaine quantité d'acide carbonique et une faible proportion d'ammoniaque.

Il n'est pas nécessaire, en météorologie, de tenir compte

de la composition de l'air; aussi le considère-t-on comme un corps simple, contenant seulement une certaine quantité de vapeur d'eau.

Celle-ci diffère des autres éléments de l'air, parce qu'elle abandonne, sous l'influence de certaines conditions, l'état gazeux, se convertit en gouttes liquides et se sépare de l'atmosphère proprement dite.

L'air, maintenu à la surface terrestre par la pesanteur, supporte constamment la pression de son propre poids, pression variable avec les différents lieux et avec l'état de l'atmosphère. Dans une colonne d'air verticale, on trouve près du sol les couches les plus denses; cette densité diminue à mesure qu'on s'élève parce que la portion d'atmosphère située au-dessous de l'observateur n'exerce plus aucune pression sur les couches placées à son niveau.

Air vital.

L'air est indispensable aux fonctions de la respiration et la vie de l'homme est compromise dès que la pression de cet air diminue par suite de l'élévation dans les hautes régions de l'atmosphère. On ressent alors des troubles physiologiques particuliers (battements de cœur, bourdonnements d'oreilles, vertiges, nausées, etc.) désignés sous le nom de *mal des montagnes*.

D'après les belles expériences de Paul Bert, en 1874, ces malaises sont dus, non pas à la diminution même de la pression atmosphérique, mais à l'insuffisance d'oxygène dans le milieu où est plongé l'explorateur.

Les faits avancés par Paul Bert ont été vérifiés à diverses reprises dans les ascensions en ballon, où les voyageurs ont pu lutter contre la torpeur qui les envahissait en respirant de l'oxygène plus ou moins dilué contenu dans des réservoirs sous pression convenable. (Ascension de Sivel et de Crocé Spinelli en 1874; de Berson en décembre 1894.) (1).

L'air normal peut aussi être dangereux pour la respiration lorsqu'il est mélangé d'un gaz toxique, comme l'hydrogène arsénié, qui existe toujours en petite quantité dans l'hydrogène préparé industriellement pour le gonflement des ballons. Aussi convient-il de prendre toutes les précautions nécessaires pour éviter de respirer le gaz ; les aérostats de construction défectueuse, qui présentent le défaut d'avoir leur nacelle trop rapprochée de l'appendice, exposent les aéronautes à de graves asphyxies lorsque le ballon crache.

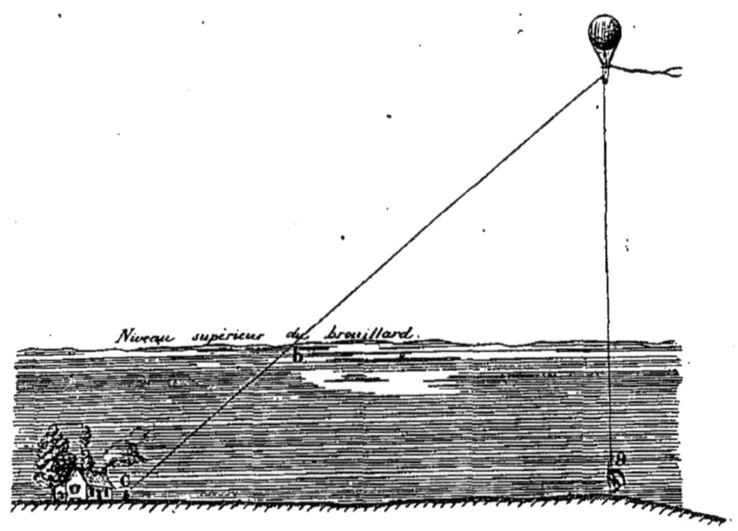

Le 29 juin 1890, un aéronaute parti des Buttes-Chaumont dans un ballon de 180^{m3} gonflé à l'hydrogène, reste ainsi plongé dans un jet de gaz pendant la demi-heure que dure l'ascension ; à l'atterrissage, un paysan de Noisy-le-Sec se

---

(1) Signalons à ce sujet la merveilleuse souplesse de nos organes qui peuvent, par l'accoutumance, permettre aux habitants des Andes de supporter les fatigues ordinaires de la vie, à 4.000 mètres d'altitude, alors que le voyageur qui atteint pour la première fois ces régions ne peut faire vingt pas sans être à bout de forces.

Principales explorations de l'atmosphère.

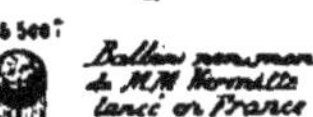

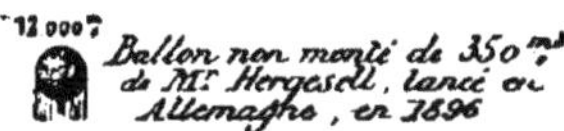

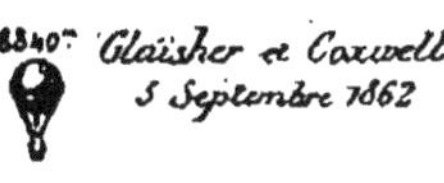

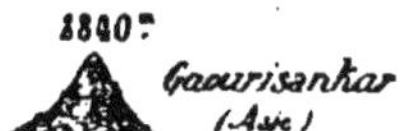

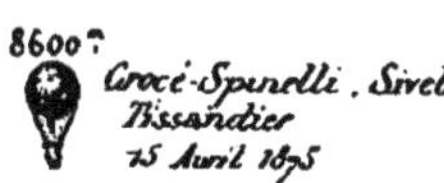

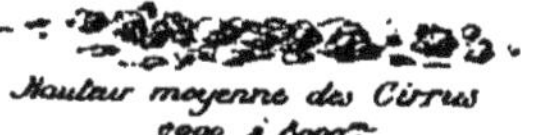

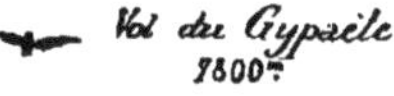

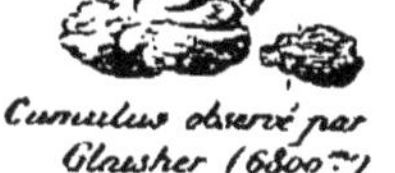

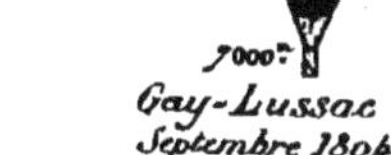

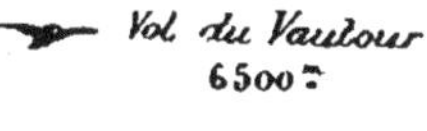

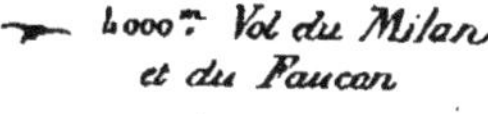

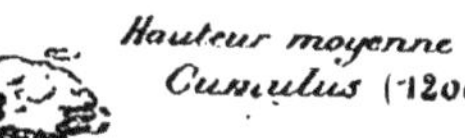

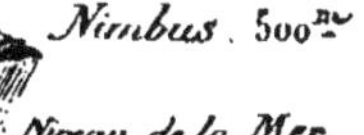

trouve pris sous le ballon et respire le gaz à son tour. Dès le soir même, ces deux hommes contractent une indisposition qui s'aggrave et, cinq jours après, ils succombaient à l'empoisonnement produit par l'hydrogène arsénié.

Transparence de l'air.

L'air atmosphérique, lorsqu'il est sec, est un des corps les plus transparents qui soient connus; cette transparence n'est toutefois pas absolue, et on peut facilement s'en convaincre par la différence de visibilité du soleil à l'horizon et au zénith. A sa plus grande hauteur dans le ciel, le soleil est éblouissant, tandis qu'à l'horizon où l'épaisseur d'atmosphère traversée est 35 fois plus grande qu'au zénith, chacun peut le regarder sans fatigue, même par l'atmosphère la plus pure; il est alors de 1.300 à 1.400 fois moins lumineux.

La vapeur d'eau diminue beaucoup cette transparence; plus il y en a dans l'air, plus le ciel est blafard, l'horizon grisâtre comme dans les matinées de printemps. Il y a des jours où l'on aperçoit nettement les objets placés à l'horizon, en été, par exemple, après une pluie, tandis qu'à d'autres époques, par les temps brumeux, les phares mêmes ne peuvent plus être distingués au delà de quelques kilomètres.

La transparence, dans ce cas, varie rapidement avec l'épaisseur de la couche d'air humide traversée par les rayons lumineux; ainsi, en ballon, on aperçoit souvent, par les temps de brouillard, nombre d'objets qui restent cachés à l'observateur placé à terre, parce que l'épaisseur telle que bc est moindre que ac.

Forme de la voûte céleste.

Un effet de perspective montre le ciel à nos sens comme une voûte surbaissée; il nous semble que les nuages vont en s'abaissant vers l'horizon jusqu'à le toucher.

Dès qu'on a dépassé ces nuages en ballon, on les voit s'étendre comme un immense océan de ouate blanche. Si l'on monte à quelques kilomètres au-dessus, leur surface se creuse en sens inverse.

Cet effet se produit même pour la surface terrestre; loin de paraître bombée à l'observateur placé à une grande hauteur, elle se creuse sous la nacelle et se relève jusqu'à la limite de l'horizon, qui semble toujours rester à la hauteur de notre œil.

Hauteur de l'atmosphère.

La limite théorique maxima de l'atmosphère est la distance à laquelle les molécules d'air cessent d'être retenus par l'attraction et s'échappent dans les espaces interplanétaires. Laplace a trouvé pour cette limite 42.000 kilomètres.

D'autre part, la loi de décroissance de la densité de l'air avec la hauteur, étudiée par Biot, d'après les observations de Gay-Lussac et Boussingault, donne comme hauteur minima de l'atmosphère : 48 kilomètres.

Entre ces limites, l'observation des arcs crépusculaires des aurores boréales et des bolides a permis de fixer à 300 ou 400 kilomètres la hauteur probable de l'atmosphère terrestre.

La plus grande hauteur à laquelle l'organisme humain puisse résister ne semble pas dépasser 8.000 ou 9.000 mètres.

En dehors des ascensions de montagnés, toujours si pénibles lorsqu'il s'agit d'atteindre les hauts sommets du
globe, les explorations de la haute atmosphère peuvent
être effectuées soit par cerfs-volants, soit par ballons montés ou non montés.

Il a été possible d'atteindre, avec les cerfs-volants, une
hauteur de 2.000 à 3.000 mètres, en employant le système
Hargrave, qui consiste à atteler en tandem, sur un fil d'a-
cier déroulé par un treuil, une série de cerfs-volants de
forme particulière, constitués par de grandes boîtes ou tu-
bes recouverts d'étoffe légère. Un appareil enregistreur est
alors placé au-dessous du cerf-volant supérieur et permet
de déterminer simultanément la température et l'état hygrométrique aux différents points de l'atmosphère dont la
hauteur est connue au moyen du baromètre. Une hauteur
de 2.800 mètres a ainsi été atteinte à l'observatoire de Blue
Hills (Massachusett) le 19 septembre 1897 avec un dérou-
lement de 7.000 mètres de fil.

Avec les ballons montés, on ne peut guère dépasser une
hauteur de 8.000 à 9.000 mètres ; au delà, on emploie les
ballons non montés ou ballons-sondes.

M. le colonel Renard a présenté, en 1892, à la Société
française de physique une étude montrant la possibilité
d'envoyer à 18 ou 20 kilomètres de hauteur, des ballons
porteurs d'instruments, et constituant ainsi de petits observatoires volants, dans lesquels l'homme est remplacé
par des appareils automatiques.

Une commission internationale s'est constituée en 1897,
pour organiser des départs périodiques de ces ballons-sondes, dont les lâchers s'effectuent aux mêmes jours et aux
mêmes heures, de manière à obtenir des observations
comparables.

CHAPITRE II

Température.

Le volume des corps augmente ou diminue suivant la quantité de chaleur qui leur est ajoutée ou enlevée. Il en résulte donc que, si le volume d'un corps ne change pas, c'est que la quantité de chaleur qu'il possède n'éprouve ni augmentation ni diminution.

On appelle température d'un corps ou d'un lieu, le degré de chaleur sensible qu'il manifeste. Lorsque cette quantité de chaleur augmente ou diminue, la température et le volume se trouvent par cela seuls augmentés ou diminués. Ainsi les variations de volume sont tellement liées aux variations de température que, en comparant entre elles les premières, on peut en déduire pour les autres des valeurs relatives correspondantes.

Thermomètre ordinaire.

On détermine la température au moyen de thermomètres, dont les points de repère sont fournis par la glace fondante (0°) et l'eau bouillante (100°), pour la graduation centigrade.

En outre du thermomètre ordinaire, on emploie pour les observations météorologiques le thermomètre à maxima et le thermomètre à minima, qui tous deux se placent de manière que leur tube soit horizontal.

Thermomètre à maxima.

Le premier est à mercure, et il en existe de deux types :
1° Un index en fer est placé au sommet de la colonne ; ce métal n'étant pas mouillé par le mercure, l'index peut avancer lorsqu'il est poussé par la colonne, mais il reste en place lorsque celle-ci se contracte ; on ramène l'index en place au moyen d'un aimant.

2° La colonne est divisée en deux parties ; la partie située du côté du réservoir se contracte lorsque la température diminue, l'autre reste fixe, de sorte que son extrémité indique la température la plus élevée à laquelle ait été soumis le thermomètre. Cette division de la colonne s'obtient, soit à l'aide d'un rétrécissement du tube, soit en introduisant une bulle d'air placée à une telle distance qu'elle ne puisse entrer dans le réservoir à la plus basse des températures auxquelles doit être soumis le thermomètre.

Thermomètre à minima.

Le thermomètre à minima est un thermomètre à alcool dans lequel la section du tube est relativement grande ; à l'intérieur du tube, et plongé dans l'alcool, est un index de verre qui peut se mouvoir librement, mais qui reste immobile quand l'alcool se dilate (et alors le liquide passe entre l'index et les parois du tube), tandis qu'il est entraîné par adhérence avec l'extrémité de la colonne lorsque l'alcool se contracte et redescend alors vers le réservoir.

Inconvénients des thermomètres à alcool.

D'une manière générale, un thermomètre à alcool est moins précis qu'un thermomètre à mercure ; les divisions de l'échelle ne peuvent être égales entre elles, comme pour des thermomètres à mercure, l'alcool se contractant et se dilatant d'une manière irrégulière ; plus la température est basse, plus les divisions sont petites.

Une partie de l'alcool se vaporise en outre et adhère à la partie supérieure du tube, de sorte que les indications sont moindres que la température réelle. Il faut de temps en temps faire redescendre cet alcool en imprimant à l'appareil un mouvement de fronde ; il est de plus indispensable de comparer fréquemment ce thermomètre à un thermomètre étalon à mercure.

Causes d'inexactitude des thermomètres.

Tous les thermomètres présentent diverses causes d'inexactitude :

1º Il arrive parfois que l'instrument prend du jeu dans l'encastrement de sa planchette, de sorte que le zéro du thremomètre ne correspond plus au zéro de l'échelle ; pour remédier à cet inconvénient, il faut indiquer le zéro sur le tube par un point coloré ;

2º La position du zéro varie à la longue, même dans les thermomètres les mieux construits, par suite de la modification moléculaire du verre ; en général la boule diminue de capacité et force le liquide à se tenir plus haut dans le tube. Ce jeu du verre dure plusieurs années, et il est nécessaire de vérifier de temps à autre la position du point zéro.

3º Le cadre en bois sur lequel le thermomètre est fixé étant mauvais conducteur de la chaleur diminue par son contact la sensibilité des instruments : il faut évider de part en part l'emplacement du réservoir et laisser écouler un temps suffisant pour que l'appareil entier prenne la température de l'air environnant ; cette mise en équilibre occasionne dans les indications du thermomètre un retard qui, dans certaines circonstances, peut atteindre une durée de plus de 10 minutes.

4° La surface d'un thermomètre destiné à indiquer la température de l'air doit être parfaitement sèche; dans le cas contraire, l'évaporation de l'humidité refroidit l'instrument et il indique une température trop basse.

5° Il faut aussi se tenir à quelque distance au moment de lire l'indication, afin que le calorique du corps ou la chaleur de l'air expiré ne viennent pas modifier la dilatation du liquide dans le tube.

Emplacement du thermomètre.

Il faut placer le thermomètre à l'ombre, à l'abri de la rosée et de la pluie et au milieu d'un grand espace libre, de manière que l'air puisse y arriver de toutes les directions; pour l'empêcher de rayonner on l'abrite par une toiture sur le pourtour de laquelle on dispose des persiennes permettant la libre circulation de l'air.

Plus simplement, on peut placer le thermomètre à l'ombre, en dehors d'une fenêtre exposée au nord, de manière qu'on puisse y lire sans être obligé d'ouvrir la fenêtre. Celle-ci doit appartenir à une pièce non chauffée et avoir devant elle un espace libre d'une assez grande étendue. Aucun mur ou toit frappé par les rayons du soleil ne devra se trouver à proximité.

Pour obtenir rapidement la température de l'air à un moment donné, en ballon, par exemple, on emploie un thermomètre gradué sur verre, on le fait tourner à la manière d'une fronde et on recommence l'opération jusqu'à ce que les indications données après deux rotations successives soient identiques.

Sources de chaleur.

La terre, la mer et l'atmosphère reçoivent leur chaleur de différents foyers. Une partie de cette chaleur provient de l'intérieur de la terre, qui, d'après toutes les données recueillies, paraît être plus chaud que la surface; cette chaleur se répand vers la surface de la terre en se communiquant de l'intérieur à travers les diverses couches et reste constante pendant tout le cours d'une année.

La terre reçoit également des étoiles une certaine quantité de chaleur qui arrive à la terre par rayonnement à travers les espaces célestes; la somme de calorique ainsi emmagasinée est sensiblement constante, en raison de la multitude des étoiles et de leur distance presque incommensurable de la terre.

Action calorifique du soleil.

Mais la principale source de chaleur qui conserve le mouvement et la vie sur la terre, c'est le soleil, qui transmet son calorique par rayonnement. L'intensité calorifique obéit à la loi du carré de la distance, mais, comme l'orbite de la terre diffère peu d'une circonférence, au centre de laquelle se trouverait le soleil, la différence entre le pouvoir calorifique des rayons solaires à l'époque où la terre est le plus près de cet astre (vers le commencement de l'année) et celle où elle en est le plus loin (commencement de juillet) est très petite. On n'a pas constaté jusqu'ici de variations appréciables dans la puissance calorifique absolue du soleil.

Chaleur absorbée par l'atmosphère.

Avant d'arriver à la terre, les rayons solaires traversent l'atmosphère, mais leur pouvoir calorifique s'affaiblit pendant ce trajet, car l'air en absorbe une petite partie qui sert à l'échauffer (environ 0,28 pour des rayons verticaux).

Le pouvoir absorbant qui produit cet affaiblissement est extrêmement faible pour les gaz simples, oxygène et azote; il n'en est pas de même pour les gaz composés qui se trouvent dans l'atmosphère, comme l'acide carbonique, la vapeur d'eau, l'ammoniaque et quelques autres. A la pression de 760^{mm} ces gaz ont des pouvoirs absorbants représentés par les nombres qui suivent :

Air atmosphérique	1
Acide carbonique	92
Ammoniaque	546
Vapeur d'eau	7.937

Une quantité de vapeur d'eau capable de produire une pression de 9 à 10^{mm} exerce déjà une absorption cent fois plus grande que celle de l'air atmosphérique. Tandis que, par un temps serein, la chaleur absorbée va du 1/3 au 1/4, elle est des 2/3 ou des 3/4 par un temps brumeux et l'absorption devient presque totale quand la nébulosité constitue des brouillards ou des nuages.

La quantité de chaleur qui arrive jusqu'à la terre varie donc en raison inverse de la quantité de vapeur d'eau contenue dans l'atmosphère; elle est, d'autre part, d'autant plus considérable que l'épaisseur d'atmosphère traversée est moindre, c'est-à-dire que les rayons sont le plus près possible du zénith.

Aux différentes hauteurs, la partie de chaleur transmise dans l'air sec est :

Hauteur au zénith.	Quantité transmise.
Au zénith	0,72.
à 70°	0,70.
à 50°	0,64.
à 30°	0,51.
à 10°	0,16.
à 0°	0,00

Lorsqu'on s'élève dans l'atmosphère, l'épaisseur de la couche d'air traversée par les rayons du soleil va en diminuant; de plus, l'humidité décroît dès qu'on a dépassé la région des nuages.

Il en résulte que les objets doivent s'échauffer plus rapidement qu'au niveau de la mer, bien que l'air soit plus froid. Ce fait se vérifie surtout dans les ascensions au delà de 2.000 mètres, où on observe jusqu'à 15° et 20° de différence entre la température de l'intérieur de la nacelle (ombre) et celle de l'extérieur (soleil); on a froid aux pieds alors que la figure est brûlée par un ardent soleil.

De même, la différence entre la température du gaz du ballon et celle de l'air extérieur est beaucoup plus grande que près du sol. Ainsi, dans une ascension faite le 11 octobre 1894, M. Hermite a observé à la hauteur de 1.500 mètres et par un ciel pur, une température de 47° pour le gaz intérieur alors que celle de l'air extérieur variait de 13° à 19°.

En 1875, Tissandier a trouvé à 5.300 mètres de hauteur que la température intérieure s'était élevée à 23° alors que l'air extérieur était à — 5°.

Enfin, dans l'ascension du ballon sonde *l'Aérophile*, le 5 août 1896, la température extérieure était de — 43° à l'altitude de 14.000 mètres, tandis que celle du gaz intérieur s'élevait à + 29° sous l'influence du rayonnement solaire.

Chaleur du sol.

Les rayons solaires qui arrivent à la surface de la terre échauffent le sol plus ou moins, selon qu'ils sont plus ou moins rapprochés du zénith, car la quantité de chaleur réfléchie augmente en sens inverse de l'angle d'incidence du rayon.

Cette quantité de chaleur dépend en outre de la nature des corps sur lesquels tombent les rayons solaires. Certains corps s'échauffent plus rapidement que d'autres : le sable, par exemple, s'échauffe très rapidement, tandis qu'un sol couvert de végétation est beaucoup plus lent à s'échauffer, parce qu'une partie considérable de la chaleur acquise sert à l'évaporation du suc des plantes et contribue à leur développement.

Les continents s'échauffent plus rapidement que les mers. En effet, lorsque les rayons arrivent à la surface de la mer, la plus grande partie d'entre eux est réfléchie sans pénétrer la mer, une autre est rayonnée vers l'intérieur de l'eau et pénètre à plusieurs mètres de profondeur; une très petite partie seulement est absorbée par la surface qu'elle échauffe.

De plus, une partie de la chaleur reçue par l'eau est dépensée par l'évaporation, c'est-à-dire par la transformation d'une partie de cette eau en vapeur invisible.

Rayonnement de la terre.

La terre reçoit continuellement du soleil des quantités considérables de chaleur; mais elle en perd également par rayonnement et le résultat de cette alternative entre les absorptions et les pertes de chaleur est ce qui détermine, à proprement parler, la température de la terre.

Nous avons vu dans quelle proportion l'atmosphère laisse passer les rayons calorifiques qui viennent du soleil; mais quand ces rayons ont échauffé la terre et que la surface de celle-ci commence à rayonner vers le ciel, ces rayons calorifiques terrestres ne traversent plus l'atmosphère avec autant de facilité qu'à l'arrivée, en raison de la différence des pouvoirs diathermanes de l'air sur les rayons calorifiques des sources lumineuses et des sources obscures.

L'atmosphère agit donc comme un écran qui concentre la chaleur sur la terre, de même que les vitres d'une serre

laissent passer les rayons calorifiques lumineux et empêchent la sortie des rayons calorifiques obscurs.

Les conditions atmosphériques exercent une grande
influence sur l'intensité du rayonnement ; un ciel clair et
un temps sec produisent un très fort rayonnement, tandis
qu'un ciel nuageux produit l'effet d'un toit qui renvoie la
chaleur vers la terre. Une couche humide ayant quelques
mètres seulement d'épaisseur arrête le refroidissement
nocturne autant que le fait l'atmosphère tout entière en
raison du pouvoir athermane de la vapeur d'eau pour
la chaleur obscure.

Température de l'air.

L'air s'échauffe en un lieu donné : 1° par l'absorption de
la chaleur du soleil, soit directe, soit rayonnée par la
terre ; cette source est très faible, étant données la hauteur
de l'atmosphère et la proportion de la chaleur absorbée ;
2° par contact avec le sol et transmission de la chaleur de
proche en proche ; 3° par les vents chauds provenant de
régions situées plus au sud ou plus fortement échauffées ;
4° par la restitution de la chaleur latente de la vapeur
d'eau répandue dans l'atmosphère, lorsque cette vapeur se
condense.

La vapeur d'eau joue le principal rôle au point de vue
de la distribution de la température. Lorsque l'eau s'évapore en masses considérables dans les régions équatoriales,
elle absorbe une grande quantité de chaleur de vaporisation qui devient latente ; la vapeur d'eau transporte cette
chaleur dans les régions les plus lointaines et la restitue
intégralement lorsqu'elle passe à l'état liquide par la
pluie.

Variations diurnes de la température.

Pour apprécier la variation diurne de la température, on fait des observations toutes les heures, ou, plus simplement, on se sert d'un thermomètre enregistreur qu'il suffit de régler une fois par jour.

Il résulte de l'ensemble des observations que le maximum de la température arrive vers 2 heures du soir, et que le minimum se produit en moyenne une demi-heure avant le lever du soleil.

Nous avons vu, en effet, que la majeure partie des rayons solaires traversent l'atmosphère sans l'échauffer notablement et que ces rayons communiquent leur chaleur à la terre lorsqu'ils y arrivent, de sorte que la surface du sol est réellement la productrice immédiate de la chaleur de l'air.

Les couches atmosphériques s'échauffent de proche en proche par leur contact avec la terre ; elles acquièrent de plus une petite quantité de chaleur provenant du rayonnement terrestre.

Pendant la nuit, le soleil étant au-dessous de l'horizon et n'envoyant pas de chaleur à la surface de la terre, cette surface et l'air avec lequel elle se trouve en contact perdent de leur chaleur. La diminution de température ainsi produite va en croissant pendant tout le temps que l'action solaire est suspendue, c'est-à-dire jusqu'au lever du soleil ; c'est vers ce moment que se produit le minimum, car, dès que le soleil vient à se montrer, il échauffe la surface de la terre et l'air reprend de la chaleur.

A mesure que le soleil s'élève au-dessus de l'horizon, l'angle d'incidence des rayons augmente et, avec lui, la chaleur de la surface terrestre et la température de l'air. Au milieu du jour, le soleil, commençant à descendre, n'échauffe plus autant la surface du sol, mais, comme la quantité de chaleur reçue est toujours plus grande que la quantité rayonnée, il en résulte que la température de l'air va encore en augmentant. Lorsque la chaleur que reçoit la terre devient égale à celle qu'elle perd par rayonnement, vers deux heures du soir, la température atteint son maximum, puis commence immédiatement à décroître.

L'action calorifique du soleil diminue au fur et à mesure que celui-ci se rapproche de l'horizon, et la température décroît progressivement par suite du rayonnement. Après le coucher du soleil, le refroidissement produit par le rayonnement continue sans interruption et, par suite, la température continue à descendre jusqu'à ce que le soleil s'élève de nouveau au-dessus de l'horizon.

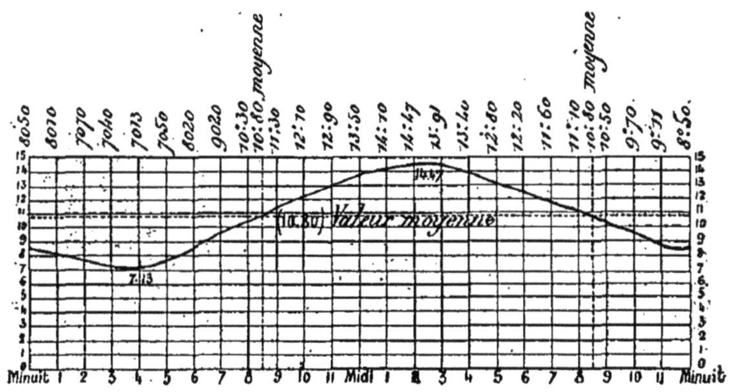

VARIATION DIURNE DE LA TEMPÉRATURE MOYENNE A PARIS, D'HEURE EN HEURE.

Entre le maximum et le minimum, l'écart moyen est de 7° environ à Paris; cette valeur est toutefois très variable suivant les mois et les jours et atteint parfois jusqu'à 25 et 30° dans les mois de mai et de juin. En particulier, cette oscillation diurne est plus grande quand le temps est clair et ensoleillé que lorsqu'il y a des nuages, car ceux-ci font non seulement obstacle à ce que la surface terrestre se réchauffe par l'action solaire, mais ils empêchent aussi qu'elle se refroidisse par rayonnement.

Sur les côtes, le ciel est généralement plus nuageux que dans l'intérieur des continents et c'est là une des causes pour lesquelles l'oscillation diurne est moindre; elle n'y dépasse pas en général 2 à 3 degrés.

Une autre cause provient de ce que la surface des mers s'échauffe bien plus lentement que celle des continents, et rayonne la chaleur avec moins d'intensité, de sorte que l'air qui est en contact avec la mer ou avec les côtes s'échauffe le jour et se refroidit la nuit moins rapidement que l'air qui est en contact avec le sol à l'intérieur des continents.

Pendant la nuit, la température de la mer est plus élevée que celle des terres. Cet effet provient de ce que les couches supérieures de l'eau, se refroidissant par le rayonnement nocturne, deviennent plus lourdes, s'abaissent et sont remplacées par les couches inférieures qui sont plus chaudes et plus légères ; de cette façon, le refroidissement de la surface est moindre.

Température moyenne du jour, du mois, de l'année.

On appelle température moyenne du jour, la moyenne des observations faites pendant chacune des vingt-quatre heures du jour; on obtient sensiblement le même chiffre en prenant la moyenne des températures maxima et minima de la journée. Enfin, la température moyenne du jour est à peu de chose près donnée par le thermomètre à 8 h. 30 du matin et à 8 h. 30 du soir.

On obtient la température moyenne mensuelle en prenant la moyenne des températures moyennes de tous les jours d'un même mois.

La température moyenne annuelle est la moyenne de toutes les températures moyennes de tous les jours de l'année.

Températures normales.

Lorsqu'on a une série d'observations qui comprennent un intervalle de plus de vingt années, on peut établir, avec assez d'exactitude, la valeur des températures moyennes correspondant à chaque jour, à chaque mois et à l'année. Les valeurs ainsi obtenues prennent le nom de températures normales.

Pour tous les lieux peu distants les uns des autres, la différence entre la température réelle d'un lieu et sa température normale est à peu près la même, ce qui prouve que les causes qui produisent ces différences agissent avec une force égale sur une grande étendue.

On peut citer parmi les écarts les plus considérables la température moyenne de février 1895, qui a été de — 4°,85 alors que la température normale est de + 4°,5. Depuis le commencement du siècle, deux hivers seulement avaient été aussi froids : celui de 1829 avec une température moyenne de — 4°,7 en décembre, et celui de 1879 avec une température moyenne de — 8°,6 en décembre également, alorsque la température normale de ce mois est de + 3°,7.

TEMPÉRATURE MOYENNE DE CHAQUE MOIS A PARIS.

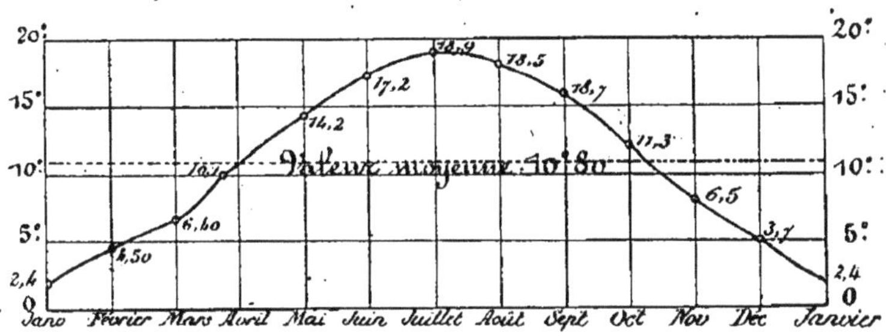

Les températures normales de chaque saison et de l'année sont, à Paris :

Hiver :	Printemps :	Eté :	Automne :	Année :
3°,53	10°,23	18°,20	11°,16	10°,80

Variation annuelle de la température normale.

La quantité de chaleur reçue par la terre est d'autant plus considérable que le soleil se trouve plus élevé au-dessus de l'horizon et qu'il y demeure plus longtemps, c'est-à-dire que le jour est plus long.

La température normale doit donc augmenter depuis le milieu de l'hiver jusqu'au moment où le soleil arrive au tropique, où sa hauteur et la durée du jour sont aussi grandes que possible. La température continue toutefois à augmenter pendant quelque temps encore parce que la chaleur reçue est plus grande que la chaleur perdue par rayonnement ; le maximum se produit lorsque ces deux quantités deviennent équivalentes, et cela a lieu un mois environ après le solstice.

Pour des raisons analogues, le minimum a lieu un mois environ après le solstice d'hiver, et c'est seulement un mois après le jour le plus court que la quantité de chaleur reçue par la surface terrestre commence a être plus grande que la chaleur rayonnée ; la saison froide disparaît alors et la température commence à augmenter.

L'amplitude de l'oscillation annuelle va en augmentant de l'équateur aux pôles. En effet, plus un lieu est voisin du pôle, plus est grande la différence de durée des jours aux différentes saisons de l'année, et plus est grande, par conséquent, la différence de chaleur reçue.

Aux pôles mêmes, comme la durée du jour ou de la nuit est de six mois, la variation annuelle coïncide avec la variation diurne. A l'équateur, la longueur du jour est à peu près la même pour les diverses saisons, de telle sorte que l'amplitude de l'oscillation annuelle est la plus petite possible.

Au point de vue de la situation du lieu, l'amplitude est moins grande sur le littoral que dans l'intérieur des continents, parce que l'échauffement en été et le refroidissement en hiver sont bien plus considérables pour le continent que pour la mer.

A Bordeaux, par exemple, la température moyenne de l'hiver est de 5°, alors que sous la latitude de cette ville la température de l'océan Atlantique ne s'abaisse jamais au-dessous de 10°.

Le temps est de plus généralement plus clair à l'intérieur des continents que sur les côtes, et c'est ce qui contribue à augmenter l'effet calorifique du soleil et le rayonnement terrestre à l'intérieur des terres. Enfin, la précipitation aqueuse, plus fréquente sur les côtes qu'à l'intérieur, contribue à amoindrir les froids de l'hiver et à diminuer les chaleurs de l'été.

Variation de la température avec l'altitude.

Lorsqu'on s'élève dans l'atmosphère soit en gravissant une montagne, soit pendant une ascension aérostatique, on observe que la température baisse rapidement. Cette décroissance de la température, à laquelle les montagnes de la zone torride doivent leurs neiges éternelles, provient de ce que les couches d'air sont échauffées, non pas directement, mais par leur contact avec le sol. Les couches supérieures s'échauffent à leur tour, soit par contact, soit surtout par les courants ascendants qui entraînent avec eux la chaleur des couches inférieures. Mais, en s'élevant, ces masses d'air ascendant se dilatent par suite de la pression moindre et conséquemment se refroidissent; de même, dans les courants descendants, les masses d'air se contractent en approchant de la terre et s'échauffent. Les deux sortes de courants, qui, *a priori*, sembleraient tendre à égaliser la température de l'atmosphère, contribuent donc à maintenir la diminution de la température avec l'altitude.

Des observations parallèles faites à l'observatoire de la

tour Eiffel et du parc Saint-Maur, en 1890 et 1891, il résulte ceci : *pendant la nuit*, la température commence par augmenter lorsqu'on s'éloigne du sol; elle passe par un maximum à une hauteur variable (170 mètres en moyenne). La différence entre le maximum et la valeur à deux mètres au-dessus du sol est en moyenne 1°; elle est plus faible en hiver et au printemps (0°, 7.) et atteint sa plus grande valeur en automne (2°, 4.)

Cette inversion de température, déjà observée dans les stations de montagne, s'explique de la manière suivante : Pendant la nuit, le sol se refroidit par rayonnement; l'air, au contraire, dont le pouvoir émissif est très faible, se refroidit surtout, non par rayonnement, mais par le contact avec le sol. Les couches les plus basses doivent donc être les plus froides, mais, à partir d'une certaine hauteur, l'influence du sol cesse de se faire sentir et la température décroît, lorsque la hauteur augmente; il en résulte l'existence d'un maxima.

Pendant le jour, la température décroît régulièrement à mesure qu'on s'éloigne du sol.

La quantité dont la température baisse lorsqu'on s'élève est très variable et dépend non seulement de la latitude du lieu, mais encore d'un grand nombre d'autres causes, telles que l'altitude du point de départ, la direction du vent, la sérénité du ciel, l'état de la vapeur d'eau, les heures et les saisons; etc.... La décroissance est notamment plus rapide par un ciel pur que par un ciel couvert.

Jamais la diminution de chaleur n'est absolument régulière. On trouve presque toujours, dans l'atmosphère, des couches d'air chaud, et parfois on en rencontre 4 ou 5 successivement jusqu'à de grandes hauteurs.

L'abaissement moyen de la température est en moyenne de 1° par 150 à 180 mètres de hauteur.

La décroissance de la température a été constatée par les observations terrestres et en ballon monté jusqu'à une hauteur de 8.000 à 9.000 mètres. Berson, dans sa grande ascension du 4 décembre 1894, a relevé les températures ci-après :

à 1.500^m d'altitude . . . . $+$ 5°
4.200^m — . . . . — 25°
8.000^m — . . . . — 39°
9.000^m — . . . . — 42°
9.150^m — . . . . — 48°

Les derniers sondages en ballons non montés effectués en 1896 et 1897 ont fourni d'autre part les résultats suivants :

le 5 août 1896, à 14.000^m. . . . . . — 50°
le 14 novembre 1896, à 15.000^m. — 60°
le 18 février 1897, à 15.500. . . . — 64°

On est donc autorisé à conclure que si l'on pouvait pousser les observations au delà de cette hauteur, on trouverait une température encore plus basse; toutefois, la décroissance est vraisemblablement de moins en moins rapide, ainsi que paraissent l'indiquer les observations des ballons sondes.

La conséquence probable de cette diminution de la température doit être la disparition progressive, au fur et à mesure que l'on s'élève, des divers constituants de l'air atmosphérique; l'acide carbonique se liquéfie en effet à — 78°, l'oxygène à — 180° et l'azote à — 193°.

La théorie mécanique de la chaleur montre qu'en dehors de notre atmosphère, à 40 ou 50 kilomètres de la surface du globe, lorsque, d'après Laplace, la pression ne dépasse pas celle du vide le plus parfait de nos machines pneumatiques, le thermomètre, doit marquer le zéro absolu, c'est-à-dire —273 centigrades. Telle est la température que l'on assigne aux espaces interplanétaires.

Lignes isothermes.

Si l'on joint entre eux, sur une carte, tous les points ayant la même température moyenne, on obtient des courbes que de Humboldt a fait connaître le premier et qu'il a désignées sous le nom de lignes isothermes. Il est évident que si l'influence de la latitude agissait seule sur la température, ces lignes isothermes se confondraient avec les parallèles, mais, comme on vient de le voir, l'altitude, la direction des vents, la proximité des côtes, et d'autres causes, telles que la disposition des grandes chaînes de montagnes et les conditions particulières des lieux d'observations, modifient sensiblement la température. C'est pourquoi les lignes isothermes présentent de grandes sinuosités sur les continents et ne se rapprochent des parallèles que dans les parties les plus larges des océans Pacifique et Atlantique.

On désigne sous le nom de zone isotherme l'espace compris entre deux lignes isothermes.

La ligne de plus grande chaleur, appelée équateur thermique, se tient presque partout au nord de l'équateur; elle correspond à $+28°$ environ sur la carte de Humboldt.

On remarque, sur la même carte, qu'en se rapprochant du pôle nord, les courbes isothermes se relèvent dans leur partie centrale, et finalement se dédoublent en deux courbes distinctes, autour de deux points qu'on a appelés les pôles du froid; l'un de ces pôles est situé en Amérique, près des îles Parry; l'autre en Sibérie, au nord de Iakoutsk.

Les lignes isothermes de l'hémisphère sud sont moins bien connues que celles de l'hémisphère nord, mais elles sont beaucoup plus régulières, ce qui résulte de la présence de vastes mers dans l'hémisphère austral.

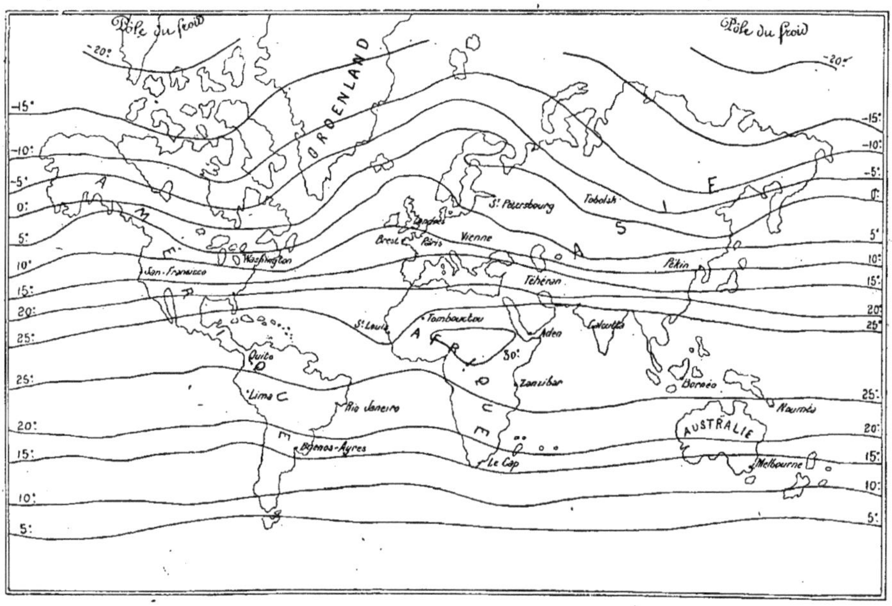
Pôle du froid
-20°
Pôle du froid
-20°
GROENLAND
A
M
E
R
I
Q
U
E
A
S
I
E
A
F
R
I
Q
U
E
AUSTRALIE
St Pétersbourg
Tobolsk
Londres
Brest
Paris
Vienne
Washington
San-Francisco
Téhéran
Pékin
St Louis
Tombouctou
Aden
Calcutta
Quito
Lima
Zanzibar
Bornéo
Rio Janeiro
Nouméa
Buenos-Ayres
Le Cap
Melbourne
30°
-15°
-10°
-5°
0°
5°
10°
15°
20°
25°
25°
20°
15°
10°
5°

PROJECTION ÉQUATORIALE DES LIGNES ISOTHERMES DU GLOBE

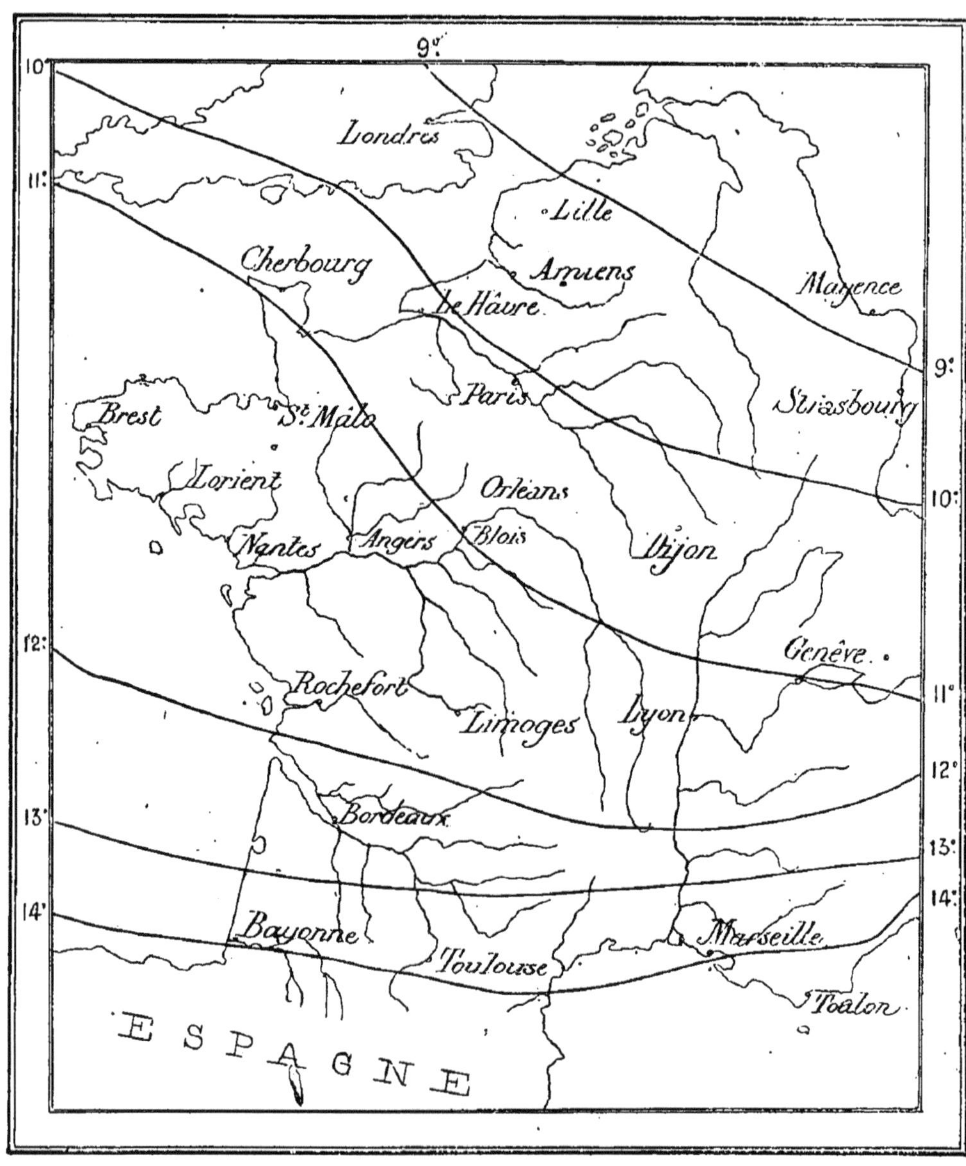
9°
10°
Londres
11°
Lille
Cherbourg
Amiens
Mayence
Le Hâvre
9°
Paris
Strasbourg
Brest
St Malo
Lorient
Orléans
10°
Nantes
Angers
Blois
Dijon
Genève
12°
11°
Rochefort
Limoges
Lyon
12°
Bordeaux
13°
13°
14°
14°
Bayonne
Marseille
Toulouse
Toulon
E S P A G N E

Distribution de la température.

La température de l'air, à la surface du sol, va en décroissant de l'équateur aux pôles; mais elle est soumise à des causes perturbatrices si nombreuses et tellement locales que son décroissement ne paraît soumis à aucune loi générale (il est en moyenne de 1/2 degré centigrade par chaque degré de latitude). On ne peut jusqu'ici que constater par des observations nombreuses la température moyenne de chaque lieu et les températures maxima et minima.

Les causes qui augmentent la température moyenne sont :

1° La proximité de l'océan, dont les effets calorifiques proviennent : *a*) de la chaleur latente dégagée par les nuages qui se condensent en pluie; *b*) des courants chauds qui sillonnent les mers et apportent ainsi dans les régions froides la chaleur emmagasinée sous l'équateur; *c*) de l'action modératrice exercée par la mer, qui ne dégage que lentement, en hiver, la chaleur emmagasinée en été. A Cherbourg, par exemple, la température moyenne de l'année dépasse de 1° 1/2 celle de Verdun situé sous une latitude un peu plus méridionale;

2° La configuration particulière à certains continents, découpés en presqu'îles nombreuses et en golfes plus ou moins profonds;

3° La direction sud des vents régnants;

4° Les chaînes de montagnes servant de rempart et d'abri contre les vents froids du nord et de l'est;

5° La rareté des marécages dont la surface reste couverte de glace au printemps;

6° L'absence de forêts et un sol sec et sablonneux;

7° Un ciel d'hiver nébuleux et un ciel d'été serein.

Les causes qui diminuent la température moyenne sont :

1° La hauteur au-dessus du niveau de la mer ;

2° L'éloignement de l'océan ;

3° La configuration régulière d'une côte dépourvue de golfes ;

4° Les chaînes de montagnes gênant l'accès des vents chauds ;

5° La présence de forêts étendues : *a*) qui empêchent les rayons solaires de chauffer le sol ; *b*) dont les feuilles facilitent l'évaporation, et *c*) dont la grande surface des végétaux augmente le rayonnement ;

6° La présence de nombreux marécages qui forment au printemps de véritables glaciers au milieu des plaines ;

7° Un ciel d'hiver serein et un ciel d'été nébuleux.

Températures extrêmes.

La plus haute température mesurée à la surface du globe est de 67° et elle a été observée par le voyageur français Duveyrier, dans le pays des Touaregs, avec un thermomètre élevé de 2 à 3 mètres au-dessus du sol, placé à l'ombre et à l'abri de toute réverbération ; la plus basse a été de — 68° à Verkoyansk (Sibérie occidentale), soit 135° de différence entre les températures les plus extrêmes.

Nansen, dans son exploration des régions polaires de 1893 à 1896, a observé une température minima de — 52°.

En France, la plus haute température a été de 41° à Nîmes, en 1868 et la plus basse de — 31° à Pontarlier en 1846, soit 72° de différence.

A Paris, au parc Saint-Maur, les températures extrêmes constatées sont de + 38°,4 le 31 juillet 1881 et de — 25°,6 le 2 décembre 1879, soit une variation de 64°.

Climatologie.

Le climat d'un lieu est l'état général du temps en ce lieu, ou, pour parler plus exactement, l'ensemble des valeurs moyennes de tous les éléments météorologiques. Les phénomènes les plus importants du climat sont ceux

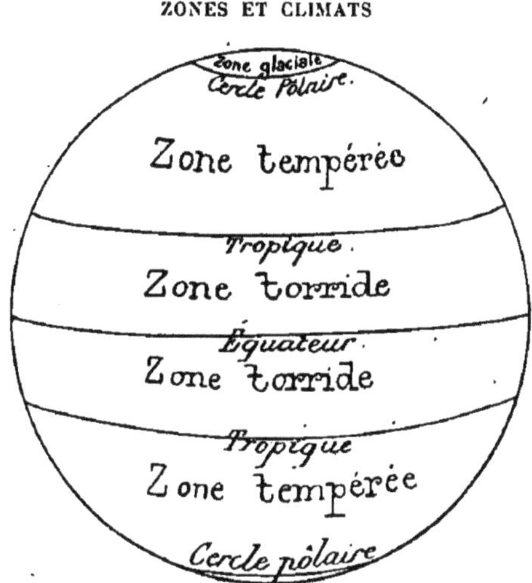

de la température, car c'est de la chaleur surtout que dépendent les météores dans leurs diverses alternatives à la surface des continents et des mers.

Trois classes de climats.

Les climats se divisent à ce point de vue en trois classes ·

1º *Les climats tropicaux,* — dont la température moyenne est d'environ 25 à 28º et qui correspondent à la région située entre les tropiques, dite zone torride ;

2º *Les climats tempérés,* — dont la température moyenne varie entre 0 et 25º et qui s'étendent du tropique au parallèle ayant pour latitude 66º (cercle polaire) ;

3º *Les climats froids,* — où la moyenne est de 0º ou au-dessous; ils correspondent aux régions polaires limitées par le parallèle de 66°.

Les climats tempérés se divisent eux-mêmes en climats marins et climats continentaux.

Climats marins.

Les climats marins ou des îles se reconnaissent par leur température peu variable, relativement haute en hiver et basse en été, par de faibles variations diurnes et annuelles de la température, par une grande humidité, de fortes brises assez régulières et une abondante précipitation de vapeur d'eau.

Climats continentaux.

Les climats continentaux se distinguent par leurs étés chauds, leurs hivers froids, un air sec, des vents faibles et irréguliers, un ciel clair et peu de pluie, des variations diurnes et annuelles considérables dans la température et l'état hygrométrique.

CHAPITRE III

———

Différents états de l'eau atmosphérique.

L'atmosphère contient en tous temps et en tous lieux, de l'eau à l'état de vapeur ; cette vapeur, invisible, se montre à nous lorsqu'elle passe de l'état gazeux à l'état liquide ou solide, sous forme de précipitation, c'est-à-dire de rosée, pluie, brouillard, neige ou grêle.

L'eau peut se transformer en vapeur, soit par ébullition, soit par évaporation, et elle absorbe pour produire ce travail une certaine quantité de chaleur, appelée chaleur latente de vaporisation.

Un espace donné ne peut contenir à une température donnée qu'une certaine quantité de vapeur d'eau, limitée et toujours invariable ; on dit alors que l'espace est saturé, et, dans ce cas, la pression que la vapeur exerce dans tous les sens est la plus grande possible à la température considérée ; on dit que la vapeur est à son maximum de tension, et la température correspondante s'appelle le point de rosée.

Si la température s'élève, la tension maxima de la vapeur d'eau augmente, et le même espace peut en contenir une plus grande quantité ; si, au contraire, la température s'abaisse, une partie de la vapeur d'eau se condense et il se produit une diminution de tension.

Évaporation.

L'eau s'évapore sans cesse et à toutes les températures, même à l'état de glace; à la surface des mers, l'air est saturé d'humidité; sur les continents, celle-ci varie suivant les lieux. Une prairie mouillée par exemple fournit plus de vapeur que tout autre terrain.

L'évaporation varie avec la température de l'air, et est d'autant moins grande que l'on s'avance davantage sous les climats froids. Elle varie aussi avec l'état hygrométrique, l'aspect du ciel et le vent qui renouvelle l'air et l'empêche de se saturer. A Paris, il s'évapore annuellement une couche d'eau de 60 à 90 centimètres, dans un bassin placé à l'air libre et protégé par une toiture.

Distinction entre l'humidité absolue et l'humidité relative.

Il faut faire une distinction essentielle, au sujet de l'humidité de l'air, entre l'humidité absolue, ou quantité réelle de vapeur contenue dans l'air, et l'humidité relative, qui indique à quelle distance du point de saturation la vapeur d'eau se trouve, et qui est représentée par le rapport entre la quantité de vapeur contenue dans l'air à l'instant de l'observation et celle qu'il contiendrait à saturation, la température restant la même; ou encore par la tension actuelle de la vapeur d'eau et la tension de saturation à la même température.

C'est cette dernière manière de considérer la quantité de vapeur qui intéresse surtout la météorologie; lorsqu'on trouve qu'il fait très humide, cela n'indique donc pas nécessairement que l'air renferme beaucoup de vapeur d'eau, mais seulement qu'il en contient presque toute la quantité dont il peut se charger à la température actuelle.

Mesure de l'humidité.

L'humidité relative de l'air s'évalue au moyen des instruments appelés hygromètres (hygromètre à cheveu de
Saussure, hygromètre à lanière, etc.). Dans les observatoires, on emploie plus souvent le psychromètre, formé de
deux thermomètres aussi identiques que possible, placés
à côté l'un de l'autre; l'un dit thermomètre sec, donne la
température de l'air; l'autre, dit thermomètre humide, a
son réservoir enveloppé d'un linge mouillé, qui reste constamment humide par sa communication avec un verre
d'eau. L'eau qui recouvre ainsi le réservoir s'évapore en
absorbant une certaine quantité de chaleur qui est prise
en grande partie au thermomètre. L'équilibre s'établit au
bout de quatre à cinq minutes et l'abaissement de la température indique alors la valeur de l'évaporisation.

Cet abaissement est d'autant plus considérable que l'évaporation est plus rapide, et celle-ci se fait d'autant mieux
que l'air est plus sec. La différence des deux thermomètres
varie donc en raison inverse de la proportion de l'humidité
de l'air, et on peut, à l'aide de tables dressées expérimentalement, calculer l'état hygrométrique.

Variations diurnes de l'humidité.

L'état hygrométrique varie suivant les heures du jour en
raison inverse de la température : plus l'air est chaud, plus
il est sec; plus il est froid, moins il lui faut d'humidité pour
le saturer. Dans nos régions, on voit assez régulièrement
l'état hygrométrique de l'air augmenter vers le lever du
soleil, pendant le minimum de température, descendre
ensuite jusque vers 2 heures de l'après-midi au maximum
de chaleur, et s'accroître de nouveau le soir et pendant la
nuit.

La figure ci-dessous donne les valeurs relatives au mois

de juillet d'après une longue série d'observations faites par Kaemtz.

VARIATION DIURNE DE L'ÉTAT HYGROMÉTRIQUE

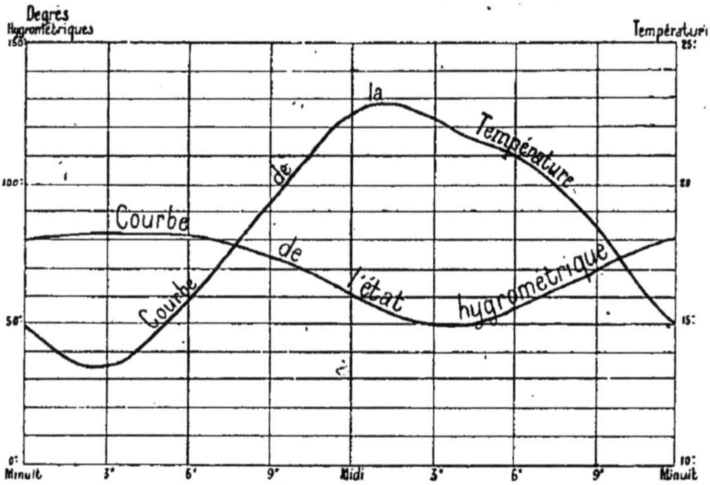

Inversement, la quantité totale de vapeur d'eau augmente chaque jour jusque vers 2 heures de l'après-midi, pour diminuer ensuite, comme la température, jusqu'au lendemain matin.

Variations annuelles de l'humidité.

L'état hygrométrique varie semblablement suivant les saisons; le maximum d'humidité relative arrive en décembre, et le minimum en juin. Voici la courbe établie par Quételet pour la ville de Bruxelles, à la suite de vingt années d'observations.

L'humidité absolue, au contraire, a son maximum en été et son minimum en hiver; elle dépend évidemment de la quantité de vapeur d'eau produite par l'évaporation.

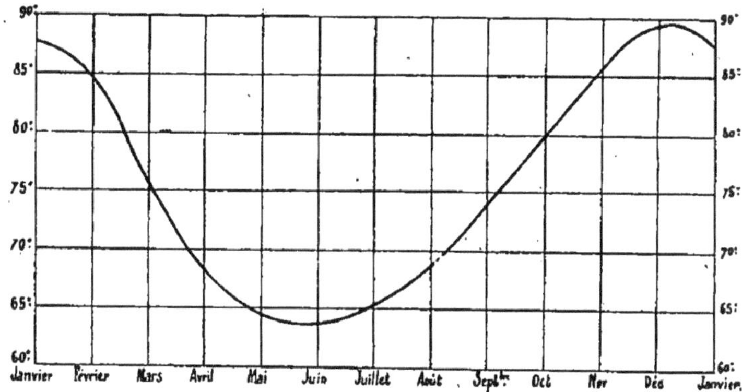

Variations de l'humidité avec l'altitude.

Les vapeurs qui se dégagent par suite de l'évaporation tendent à s'étendre par couches, au-dessus de la terre, et à remplir l'espace comme le fait l'air atmosphérique ; mais leur proportion n'est pas la même dans toute la hauteur de l'atmosphère, comme la proportion d'oxygène et d'azote.

L'humidité relative de l'air s'accroît depuis la surface du sol jusqu'à une certaine couche (appelée zone d'humidité maximum) dont la hauteur varie suivant l'état du ciel, les heures et les saisons. La valeur de l'état hygrométrique est alors voisine de 100 ; elle décroît ensuite à mesure qu'on s'élève en même temps que la température.

L'humidité absolue est maxima dans la zone des nuages ; elle diminue ensuite beaucoup plus rapidement que la pression atmosphérique ; à la hauteur moyenne de 2.000^m, on rencontre la limite qui sépare en deux la quantité de vapeur d'eau contenue dans toute l'atmosphère, et au-dessus de 6.000^m il ne reste plus que 0,1 de la quantité totale de vapeur ; la sécheresse de l'air fait alors tordre le papier et le parchemin.

CHAPITRE IV .

PRESSION ATMOSPHÉRIQUE

Définition.

On entend en météorologie par pression atmosphérique la pression que l'air exerce en tous sens, par suite de son poids et de son élasticité ; elle s'exerce toujours, quelles que soient les conditions dans lesquelles se trouve l'air, qu'il soit plus lourd ou plus léger, plus froid ou plus chaud, en repos ou en mouvement.

Cette pression est égale à la somme de la pression de l'air sec et de la tension de la vapeur d'eau.

Il faut distinguer la pression de l'air de la pression du vent ; celle-ci est la force que l'air en mouvement, c'est-à-dire le vent, exerce sur tout objet qui s'oppose à sa marche.

Baromètre.

La pression de l'air se mesure au moyen du baromètre. Pour les observations de précision, on emploie un baromètre à mercure, mais pour la pratique courante et pour les voyages, on fait usage des baromètres anéroïdes. Ceux-ci doivent être fréquemment comparés avec un bon baromètre à mercure, et, comme ils sont influencés par les variations de la température, il faut déterminer pour chaque instrument l'importance de cette action.

Pour que les indications d'un baromètre à mercure soient correctes, il est nécessaire que cet instrument réalise les conditions suivantes :

1º Le mercure doit être parfaitement pur et exempt d'oxyde, autrement il adhère au verre et le ternit ; de plus, s'il est impur, sa densité est changée et la hauteur de la colonne est trop grande ou trop petite ;

2º L'espace situé au-dessus du mercure doit être complètement vide d'air et de vapeur d'eau, sinon ces fluides, en vertu de leur force élastique déprimeraient la colonne de mercure. On s'en assure en inclinant le baromètre de manière que le mercure monte brusquement dans le tube. Si le son produit est clair et métallique, c'est que le vide parfait existe ; si au contraire le son est lourd ou nul, c'est qu'il y a de l'air dans la chambre barométrique ;

3º La section intérieure du tube ne doit pas être trop petite, car la capillarité aurait pour effet de réduire la hauteur de la colonne mercurielle.

Dans un tube de :

2^{mm} de diamètre intérieur, la réduction est de $4^{mm},6$.

6^{mm} —   — 1^{mm} ».

16^{mm} —   — $0^{mm},1$.

Les opérations précises nécessitent une correction dite de capillarité ;

4º L'échelle doit être bien verticale au moment de l'observation ;

5º La hauteur de la colonne mercurielle doit être réduite à 0º au moyen de tables appropriées ; il faut de plus éviter de placer l'instrument en plein soleil ou près d'une cheminée, car il se pourrait que la température indiquée par le thermomètre ne fût pas exactement celle de la colonne mercurielle, ce qui influerait sur la réduction à 0º de la hauteur barométrique.

Valeur de la pression atmosphérique.

La pression atmosphérique moyenne à la surface de la mer est de 760^{mm} dans nos climats, ce qui correspond à 10.336 kilogrammes par mètre carré.

Cette valeur subit d'une part des variations régulières avec l'altitude, les différentes heures du jour, les différentes saisons de l'année, et, d'autre part, des variations accidentelles, qui ont pour causes principales la direction et l'intensité des vents, les variations de la température et de l'humidité de l'air. En général, la marche du baromètre est en sens inverse de celle du thermomètre ; lorsqu'une région de l'atmosphère s'échauffe plus que les régions voisines, l'air dilaté s'élève en vertu de sa légèreté spécifique et s'écoule par les hautes régions de l'air, d'où il résulte que la pression décroît et que le baromètre baisse, tandis que la pression augmente et que le baromètre monte là où s'est portée la masse d'air déplacée.

Aussi arrive-t-il, en général, qu'une baisse extraordinaire sur un point du globe est compensée par une hausse semblable sur un autre point.

Diminution de pression avec l'altitude.

Si l'on compare les densités du mercure et de l'air, on trouve qu'il faut s'élever de 10^m,50 pour que le mercure s'abaisse de 1^{mm} dans le tube du baromètre. Si la densité des couches d'air était partout la même, on déduirait immédiatement de ce résultat la possibilité d'obtenir, par une simple observation du baromètre, l'altitude d'un lieu donné. On en conclurait aussi que la hauteur totale de l'atmosphère est de 760 $\times$ 10,50 = 7980^m.

Mais, à cause de la raréfaction des couches d'air, la densité varie avec la hauteur ; elle varie aussi avec la température, qui diminue à mesure que l'on s'élève.

D'autre part, les couches atmosphériques renferment toujours une certaine quantité de vapeur d'eau dont le poids s'ajoute irrégulièrement à celui de l'air, supposé sec. De plus, le poids d'un corps quelconque et, par conséquent, celui d'une couche d'air, est d'autant moindre que le corps est plus loin du centre de la terre. La pesanteur des corps variant enfin avec leur position par rapport à l'équateur, à cause de la force centrifuge produite par le mouvement de rotation de la terre, il en résulte que la formule générale du calcul des hauteurs doit contenir comme élément variable la latitude du lieu de l'observation.

Laplace a établi cette formule, et on en a déduit des tables que publie chaque année l'*Annuaire du Bureau des longitudes*.

Laplace a ainsi trouvé, comme nous l'avons vu, que la hauteur de l'atmosphère terrestre est au maximum de 42.000 kilomètres ; à partir de cette distance, l'effet de la pesanteur est complètement annulé et les molécules gazeuses doivent s'échapper dans l'espace.

La formule de Laplace a été vérifiée par de nombreuses observations de montagnes faites jusqu'à la hauteur de 6.700 mètres (Himalaya). Tout récemment (le 18 février 1897), elle a également pu être vérifiée à Berlin jusqu'à la hauteur de 9.000 mètres par des observations au théodolite faites de trois stations différentes sur un ballon-sonde muni d'un baromètre enregistreur.

D'autre part, M. Cailletet a fait construire, il y a quelques mois, un ingénieux appareil destiné à fournir une mesure photographique des hauteurs, et à permettre une vérification de la formule de Laplace.

Cet appareil comporte deux objectifs photographiques entre lesquels se déroule une bande de celluloïd sensibilisée ; l'un des objectifs est tourné vers la terre et donne une image de la partie du sol située sous le ballon ; l'autre objectif regarde un baromètre anéroïde et donne une image du cadran au moment du déclanchement de l'obtu-rateur. La mesure d'une dimension prise sur la photographie, comparée à la mesure réelle prise sur la carte, donne la hauteur du ballon au moment de l'obtention du cliché, ce qui permet ainsi de vérifier les indications du baromètre.

Cet appareil n'a jusqu'ici été employé que pour de faibles hauteurs (2.000 à 3.000 mètres); pour en faire usage aux grandes altitudes récemment atteintes par les ballonssondes (et c'est là surtout qu'il peut être intéressant de contrôler la formule de Laplace), il y aura lieu de remplacer l'objectif ordinaire dont il est muni par l'un des appareils spécialement usités pour la téléphotographie en ballon (1).

Variation diurne de la pression atmosphérique.

La hauteur barométrique est soumise dans chaque lieu à des variations diurnes plus ou moins régulières. Le matin, vers 4 heures, la colonne barométrique présente un premier minimum de hauteur; elle se relève jusqu'à 10 heures du matin, où elle atteint son premier et son plus grand maximum, puis descend jusque vers 4 heures du soir où elle atteint son second et plus petit minimum, remonte jusqu'à 10 heures du soir pour atteindre un second maximum, et redescend ensuite jusqu'à 4 heures du matin.

Sous l'équateur, les variations diurnes se reproduisent avec une telle régularité qu'on peut s'en servir comme d'une montre pour savoir l'heure, leur amplitude entre un maximum et un minimum atteint 2^{mm} à $2^{mm},5$; à mesure qu'on s'éloigne de l'équateur, ces variations diurnes sont moins régulières; leur amplitude diminue rapi-

---

(1) Voir dans la *Revue du génie,* année 1897, 2ᵉ semestre, « La Téléphotographie » par le capitaine Bouttieaux.

·dement, et, sous nos climats, elle ne dépasse guère un demi-millimètre. Vers le 60ᵉ degré de latitude, l'oscillation diurne devient presque nulle. L'amplitude de l'oscillation diminue aussi à mesure que croît l'altitude.

Cette marée atmosphérique n'est pas due, comme celle de la mer, à l'attraction de la lune et du soleil, puisqu'elle arrive tous les jours à la même heure et ne suit pas le cours de la lune; elle est due à la dilatation produite par

DÉCROISSANCE DE LA PRESSION AVEC L'ALTITUDE,

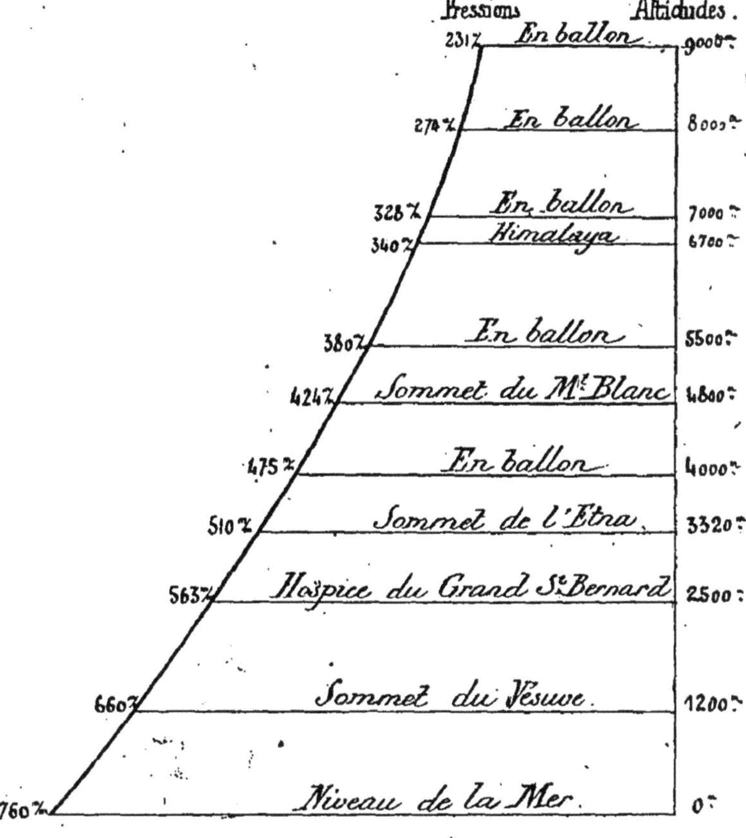

la chaleur solaire, et aux variations de tension de la vapeur d'eau produites par cette même chaleur.

Si les variations diurnes sont plus faciles à constater dans la zone tropicale, c'est que les alternatives de la température, de l'évaporation et de la précipitation desquelles dépendent ces oscillations de l'air se succèdent, comme tous les autres phénomènes physiques, avec une régularité plus grande que sur toutes les autres parties du globe.

Variations annuelles de la pression.

Les variations annuelles de la pression offrent des alternatives analogues à celles des variations diurnes. Le mercure s'abaisse graduellement de l'hiver à l'été, à mesure que l'air se réchauffe et devient plus léger, et il remonte avec les froids de l'été à l'hiver, lorsque l'air condensé se fait plus lourd.

Variations accidentelles.

Les variations accidentelles ont une amplitude qui, dans nos climats, dépasse rarement 40^{mm}, sauf des cas extraordinaires; les plus fortes variations ont lieu en hiver.

Le baromètre baisse, et la pression atmosphérique diminue dans les cas suivants :

1º Lorsque l'air s'échauffe et par conséquent se dilate; cette dilatation a lieu de bas en haut dans l'atmosphère libre; il ne se produit pas d'augmentation dans la hauteur de la colonne atmosphérique échauffée, car l'air se déverse sur les côtés formant des courants descendants, mais comme la densité de l'air diminue, la pression atmosphérique diminue également;

2º Lorsque l'air a un mouvement ascendant, ce mouvement entraîne vers les régions hautes de l'atmosphère l'air qui est à la surface terrestre, et provoque ainsi une diminution de la pression exercée sur le sol;

3º Par la condensation de la vapeur d'eau sous forme de

nuage ou de précipitation ; cette condensation dégage de la chaleur latente et provoque un courant ascendant. De plus, lorsque la précipitation se sépare et tombe sur la terre, la part de pression qu'exerçait la vapeur lorsqu'elle existait comme partie constitutive de l'atmosphère disparaît;

4° Par le mouvement de l'air; de même que l'eau courante exerce une pression moindre que l'eau tranquille, la pression de l'air est d'autant plus faible que son mouvement est plus rapide; donc, plus le vent est fort, plus le baromètre est bas.

Le baromètre monte :

1° Lorsque l'air des couches inférieures se refroidit et se contracte en devenant plus lourd, en même temps que l'air afflue dans les couches supérieures pour y combler le vide produit par le refroidissement des couches les plus basses;

2° Lorsque l'air a un mouvement descendant et vient alors presser sur l'air des couches inférieures en augmentant la pression atmosphérique.

Distribution de la pression atmosphérique.

La pression de l'atmosphère réduite au niveau de la mer varie sur toutes les parties de la terre, et on ne saurait

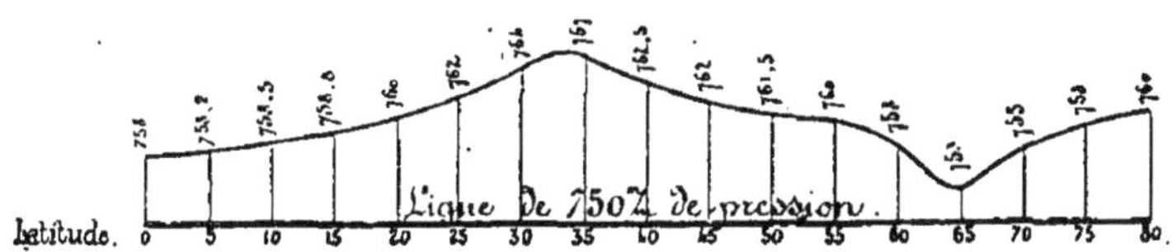

VARIATION DE LA PRESSION ATMOSPHÉRIQUE, AU NIVEAU DE LA MER, DE L'ÉQUATEUR AUX PÔLES.

encore préciser avec rigueur sa répartition. Vers l'équateur, la pression ordinaire est de 758^{mm}, mais à partir de 10°

de latitude dans les deux hémisphères, la pression s'acroît peu à peu, et vers le 30 ou 35° elle atteint son maximum

PRESSION BAROMÉTRIQUE MOYENNE AU NIVEAU DE LA MER

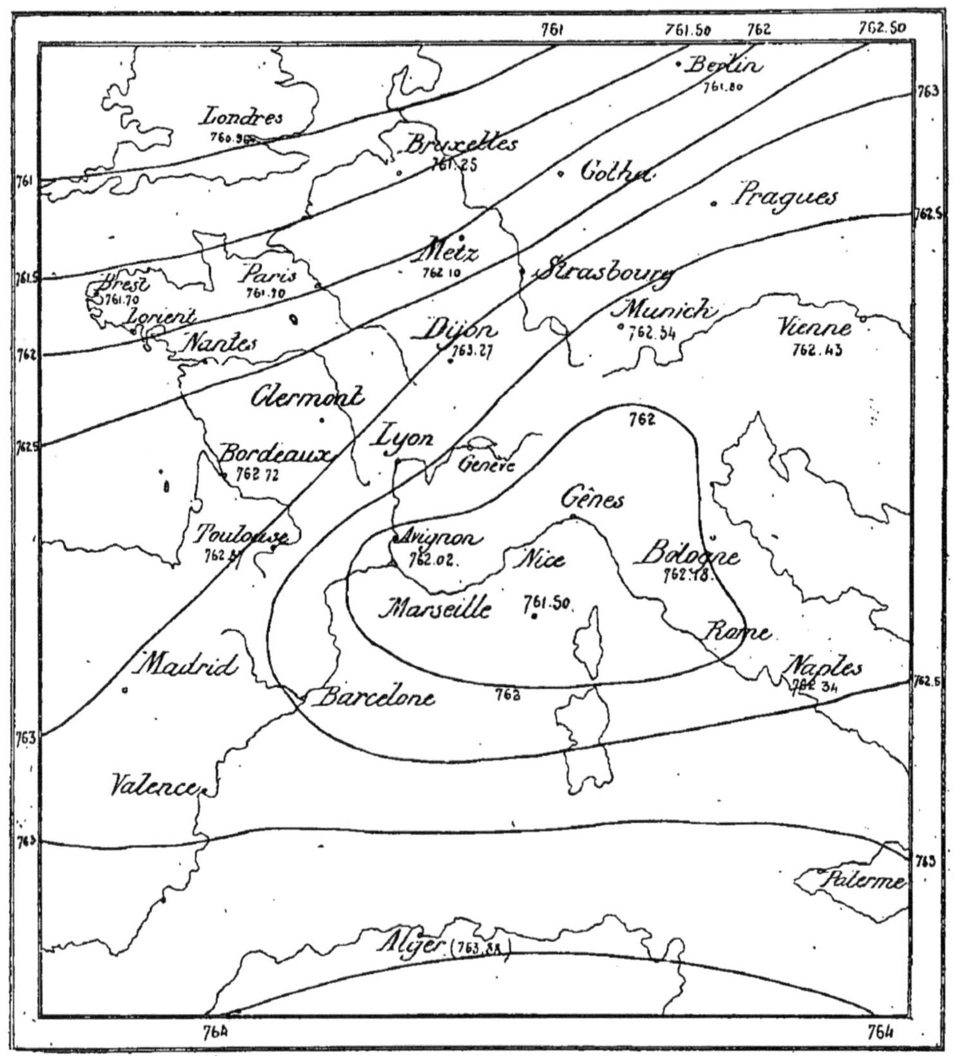

(764 à 767). Au delà, dans la direction des pôles, la pression diminue ; vers le 55°, elle est de 760, et, plus au nord, de

753 seulement; puis elle se relève graduellement à partir du 65° degré.

En général, le baromètre est plus haut dans l'hémisphère boréal que dans l'hémisphère austral; il faut nécessairement en conclure qu'une plus forte quantité d'air s'est accumulée sur la moitié de la terre où sont groupés les continents.

Ainsi que le fait remarquer Herschell, le courant d'une rivière est toujours ridé au-dessus d'un lit inégal et pierreux; de même, l'atmosphère doit se gonfler en vagues au-dessus des masses continentales.

Isobares.

Si on joint par des courbes les points ayant même pression barométrique moyenne, cette pression étant d'ailleurs réduite au niveau de la mer, on obtient des lignes d'égale pression, dites isobares. En France, la ligne isobare de 763 est un maximum et traverse diagonalement la région central du S.-W. au N.-E. Les pressions vont en diminuant vers le N.-W et le S.-E. et un minimum important existe vers le golfe de Gênes où passe l'isobare de 761,50.

CHAPITRE V

LE VENT

---

§ 1ᵉʳ — **Mouvements de l'air.**

Le vent est une quantité quelconque d'air mise en mouvement par un changement dans l'équilibre de l'atmosphère ; le mouvement se produit, en général, horizontalement, le long de la surface terrestre, non pas avec une vitesse uniforme, mais au contraire par poussées inégales dites rafales.

Direction du vent.

On désigne les vents d'après la direction d'où ils soufflent en employant les rhumbs de la boussole ; on distingue les huit rhumbs principaux :

N., N.-E., E., S.-E., S., S.-W., W., N.-W,

et les rhumbs intermédiaires, ce qui fournit en tout 16 directions. La figure ainsi obtenue s'appelle *rose des vents.*

On détermine la direction des vents au moyen de girouettes ou de banderoles qui doivent être suffisamment élevées ou sensibles pour pouvoir indiquer d'une manière exacte la direction du vent régnant. L'axe de la girouette doit être parfaitement vertical et le centre de gravité de la branche horizontale doit se trouver sur l'axe. En général, plus le vent est fort, plus sa direction est irrégulière, ce dont on s'aperçoit par les fréquentes oscillations de la girouette.

La direction du vent dans les régions supérieures de l'atmosphère se détermine par la direction des nuages en

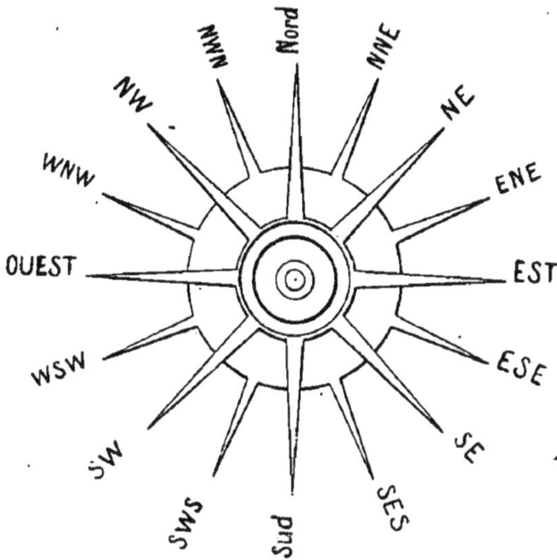

ayant soin d'observer ceux qui passent au zénith de l'observateur; si l'on observait en effet les nuages situés en un point quelconque du ciel, on risquerait d'être victime d'une illusion de pèrspective qui modifierait complètement la direction cherchée.

Souvent, on rencontre dans l'atmosphère des couches superposées de directions variables; à la limite de séparation, l'air est agité par les remous qui se produisent entre les deux courants. Un ballon subit alors des déplacements sensibles et tourne sur lui-même.

Flammarion a ainsi rencontré jusqu'à cinq courants différents, depuis le sol jusqu'à 2.000 mètres d'altitude.

On a essayé de diriger un ballon par l'utilisation de ces courants (voyage de Duruof et Tissandier en 1868 et de Lhoste en 1883 au-dessus de la mer du Nord), mais il faut bien reconnaître que de pareilles manœuvres, toujours délicates, donneront la plupart du temps un résultat nul. Dans le cas le plus fréquent, les courants diffèrent fort peu ; de plus, la manœuvre du ballon exige que l'on évite autant que possible les variations d'altitude, afin de ménager le gaz et le lest.

Parfois, au contraire, la direction du vent est la même sur une grande hauteur ; ainsi, dans la grande ascension de 1875 où Sivel et Crocé-Spinelli ont trouvé la mort, le vent soufflait uniformément du N.-N.-E., depuis le sol jusqu'à la hauteur de 8.000 mètres.

Vitesse du vent.

On détermine la vitesse du vent à l'aide d'anémomètres. Celui de Robinson, le plus employé, consiste en une croix légère formée par quatre bras égaux à l'extrémité desquels sont fixées quatre demi-sphères creuses ; cette croix est portée par un axe vertical dont la partie inférieure est formée d'une vis sans fin qui engrène avec les roues d'un compteur permettant d'évaluer le nombre de révolutions dans un temps donné.

On a établi théoriquement et expérimentalement que la vitesse du centre de chaque demi-sphère est le tiers de celle du vent, de sorte qu'à chaque révolution de l'axe, le vent qui donne l'impulsion à l'anémomètre parcourt un chemin égal à trois fois la circonférence décrite par le centre des demi-sphères.

La vitesse du vent peut s'évaluer approximativement d'après les remarques suivantes.

FORCE DU VENT.		VITESSE par SECONDE.	PRESSION PAR MQ.	ACTION DU VENT.
		mèt.	kilog.	
0	Calme.........	0 à 0,5	0 à 2	La fumée se dirige en haut ou presque verticalement; les feuilles des arbres sont immobilisées.
1	Faible ou légère brise....	0,5 à 5	2 à 18	Sensible aux mains et à la figure, fait remuer un drapeau, agite les petites feuilles.
2	Modéré, un peu frais, jolie brise	5 à 10	18 à 36	Il étend le drapeau, agite les feuilles des arbres et leurs petites branches.
3	Frais; bonne brise	10 à 15	36 à 54	Il agite les grosses branches des arbres.
4	Forte brise; bourrasque...	15 à 20	54 à 72	Il agite les plus grosses branches et les troncs de petit diamètre.
5	Violent; tempête	20 à 30	72 à 108	Il ébranle l'arbre entier, brise les branches et les troncs de petite dimension.
6	Ouragan	30 et au-dessus.	108 et au-dessus.	Effets destructeurs : renverse les cheminées, enlève les toits des maisons, déracine les arbres.

Pression ou force du vent.

La force du vent est la pression qu'il exerce sur une surface d'un mètre carré; elle est proportionnelle au carré de la vitesse et on l'exprime ordinairement en kilogrammes. Cette pression se mesure à la Tour Eiffel, au moyen de petits cubes de bois placés sur un plan horizontal et que le vent fait pivoter autour d'une de leurs arètes. L'effet produit équivaut à peu près à 125 grammes par mètre carré de surface et pour une vitesse de 1 mètre par seconde; pour une vitesse d'ouragan (40 m. par seconde), la pression est de 200 kilos. On conçoit dès lors comment des arbres et des maisons peuvent être renversés.

Fresnel admettait, pour la construction des phares, 275 kilos. comme valeur maxima de la pression du vent.

Variations de la vitesse du vent avec l'altitude et vitesses maxima constatées.

La surface terrestre oppose une résistance considérable au mouvement de l'air, de sorte que la force du vent croît généralement avec l'altitude. On voit très communément les nuages se mouvoir plus ou moins rapidement tandis que le calme règne à la surface de la terre.

Ce fait se confirme par les observations simultanées effectuées à Clermont-Ferrand et au Puy-de-Dôme (1.079 m. de différence d'altitude, ainsi qu'à la Tour Eiffel et au parc Saint-Maur (289 m. de différence d'altitude). On le constate également dans les ascensions aérostatiques, où la vitesse est en général d'autant plus grande que le ballon navigue dans une zone plus élevée.

Le 29 juin 1894, dans une ascension libre de Versailles à Saint-Brieuc, nous avons parcouru en moyenne 35 kilomètres à l'heure à une altitude variant de 1.000 à 2.300 mètres entre Chartres et Laval, alors que les observations faites au Mans indiquaient seulement une vitesse de 15 kilomètres.

Le ballon de M. Rollier, qui, pendant le siège de Paris, vint attérir à Christiana, parcourut 1.600 kilomètres en quinze heures soit 106 kilomètres à l'heure; les bulletins météorologiques n'indiquaient pourtant de Paris à Dunkerque qu'un vent de 26 kilomètres.

Dans l'une de ses ascensions, Coxwell a fait un voyage

de 110 kilomètres en 60 minutes, alors que les observatoires indiquaient un vent de 25 kilomètres à peine.

Tissandier et de Fonvielle, en 1869, avec un petit ballon de 700 m^3, furent jetés en moins de 35 minutes à 20 lieues de leur point de départ, soit une vitesse de 160 kilomètres à l'heure; le vent à terre était cependant très modéré.

Jovis et Mallet, en 1887, ont parcouru 400 kilomètres en 3 heures 30' et observé les vitesses suivantes :

$$\text{à terre : } 5^m \text{ par seconde ou } 18^{km} \text{ à l'heure.}$$
$$\text{entre 2.000 et 4.000}^m : 16^m \quad - \quad \text{ou } 58^{km} \quad -$$
$$\text{entre 4.000 et 7.000}^m : 38^m \quad - \quad \text{ou } 137^{km} \quad -$$

Le ballon-sonde l'*Aérophile,* dans son ascension du 5 août 1896, a fourni les vitesses ci-après :

$$\text{entre 3.000}^m \text{ et 5.000}^m, \quad 38^{km} \text{ à l'heure.}$$
$$- \quad 5.000^m \text{ et 6.200}^m, \quad 70^{km} \quad -$$
$$- \quad 6.200^m \text{ et 7.000}^m, \quad 80^{km} \quad -$$
$$- \quad 7.000^m \text{ et 7.700}^m, \quad 102^{km} \quad -$$
$$- \quad 7.700^m \text{ et 8.200}^m, \quad 132^{km} \quad -$$
$$- \quad 8.200^m \text{ et 9.700}^m, \quad 158^{km} \quad -$$

Un ballon lumineux lancé à Paris en 1804, lors du couronnement de Napoléon, fut porté jusqu'à Rome en huit heures et parcourut ainsi une moyenne de 162 kilomètres à l'heure.

M. Teisserenc de Bort a recueilli, à l'observatoire de Trappes, de nombreuses photographies des nuages élevés, dans des conditions permettant de calculer la vitesse et la hauteur de ces nuages.

Pour les cirrus les plus élevés, il a trouvé des vitesses atteignant 50 mètres par seconde, soit 180 kilomètres à l'heure.

Enfin Green a observé une vitesse encore plus grande ; son ballon fut un jour emporté de Londres avec une vitesse de 66 mètres par seconde ou 240 kilomètres à l'heure.

Vitesses exceptionnelles.

Parfois, cependant, plusieurs courants aériens distincts se trouvent superposés dans l'atmosphère et la limite de séparation de deux courants voisins est ordinairement indiquée par des bancs de nuages plus ou moins épais; dans ce cas, la vitesse maxima ne correspond pas toujours à la zone la plus élevée.

Nous avons pu constater, le 6 mai 1895, un curieux exemple de cette exception à la loi générale citée plus haut; nous avions navigué près de terre à une altitude de 200 mètres environ de 11 heures du soir à 6 heures du matin avec une vitesse de 25 à 30 kilomètres; l'aérostat se maintenait régulièrement à une même hauteur au-dessus du sol, grâce à la pureté de l'atmosphère, et il s'élevait de lui-même par un vent ascendant, quand il passait au-dessus d'une colline.

De 6 heures à 6 h. 30, le ballon se trouve entre 400 et 450 mètres d'altitude dans une couche d'air peu épaisse, animée d'une vitesse considérable, qui atteint à un certain moment 75 kilomètres à l'heure; l'extrémité du guide-rope flottant au-dessous de cette couche est fortement recourbée en arrière et indique les différences de vitesse.

Vers 7 heures, la chaleur solaire, qui dilate le gaz de l'aérostat, nous amène à 500 mètres où la vitesse tombe à 25 kilomètres seulement; l'extrémité du guide-rope, plongée dans la couche inférieure, nous précède maintenant; elle est notablement recourbée en avant.

Un peu plus tard, nous constatons à nouveau l'existence de cette couche, glissant en tranche mince avec une vitesse double de celle des couches inférieures et supérieures; la rapidité de la marche s'accroît chaque fois que le ballon, dans ses oscillations verticales, se retrouve à cette hauteur de 400 à 450 mètres.

Enfin, vers 10 heures, la vitesse tend à s'uniformiser et à suivre la loi d'accroissement avec la hauteur par suite de la chaleur solaire qui, en provoquant des courants ascendants, arrive peu à peu à mélanger les diverses couches atmosphériques.

Variations de la vitesse du vent avec la configuration du sol.

Les courants qui passent au-dessus des continents ne soufflent pas avec la même régularité qu'au-dessus des mers ; même dans les pays faiblement accidentés et dans les plaines parsemées de maisons et de bois, le vent avance par une succession de bouffées et de rafales dont chacune représente une victoire du courant atmosphérique sur un obstacle de la plaine. Au ras du sol, le vent est toujours intermittent, tandis que dans les hauteurs de l'air il marche généralement d'un mouvement égal comme le courant d'un fleuve.

Au pied des grandes montagnes de la Suisse et notamment près de Genève, les alternatives qui se présentent dans la force du vent sont telles que l'anémomètre indique parfois des variations du simple au triple. Dans les hautes gorges des Alpes, il arrive souvent, même au cours des plus violentes tempêtes, que l'atmosphère présente par intervalles le calme le plus parfait.

Lorsqu'une tempête vient se heurter contre une masse de montagnes hautes et escarpées, les courants du vent remontent verticalement, de sorte qu'un observateur placé en arrière ne s'aperçoit même pas de la violence de la tempête qui fait rage sur les plateaux supérieurs.

Ce relèvement des courants se constate facilement dans les ascensions libres en pays accidentés ; le ballon, au lieu de venir se heurter contre la pente de la montagne, se relève parallèlement au terrain pour gagner le plateau supérieur, et cette déviation se produit jusqu'à des hauteurs de 500 à 600 mètres.

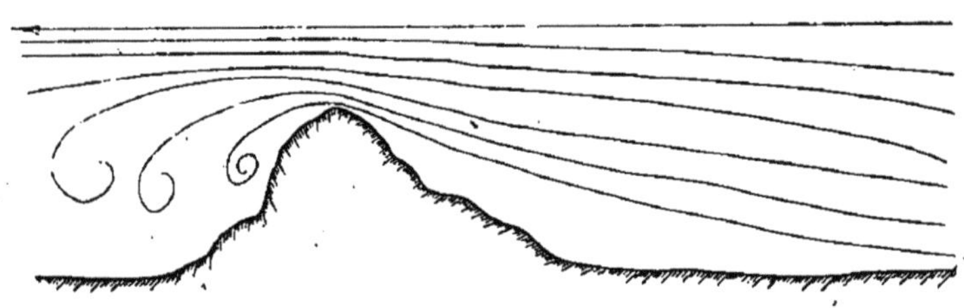

Dans ce cas, la vitesse du courant qui se trouve compris entre une paroi solide et les filets d'air qui ne sont pas déviés est notablement augmentée. Tout le monde a remarqué avec quelle rapidité les nuages courent sur les cimes; après avoir en effet remonté les rampes qui y conduisent, ils se trouvent resserrés entre la crête et la couche d'air supérieure horizontale et passent là en tranches minces avec une grande vitesse.

Variation diurne de la vitesse du vent.

L'intensité du vent varie suivant les heures de la journée. Au niveau de la mer la variation diurne est tout à fait analogue à la variation diurne de la température; elle présente un minimum au lever du soleil et un maximum dans l'après-midi; vers 2 heures du soir, elle est à peu près double de ce qu'elle était à minuit.

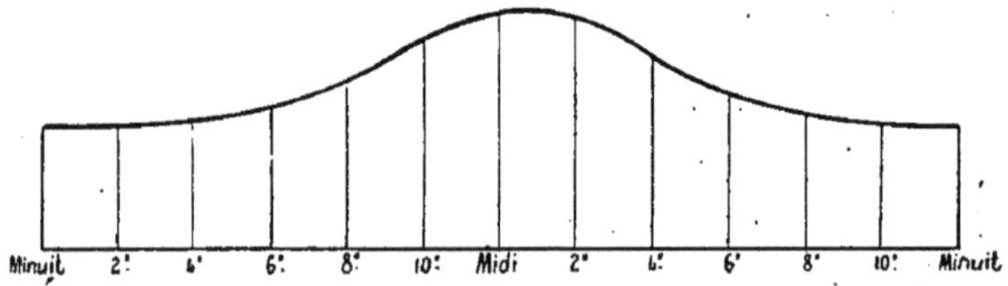

Dans les stations élevées au contraire, la variation est

sensiblement inverse (Puy-de-Dôme et Pic-du-Midi) et la plus grande vitesse se manifeste pendant la nuit.

L'anémomètre de la tour Eiffel indique déjà cette inversion, le minimum se manifeste à 10 heures du matin et le maximum à 11 heures du soir. Dans l'ascension du 7 mai 1895, nous avons constaté, à 10 heures du soir, une vitesse de 25 kilomètres qui s'est accrue jusque vers 2 heures du matin où elle a atteint 45 kilomètres, puis a commencé à décroître pour retomber à 25 kilomètres au lever du soleil.

Lorsque la clarté de la lune permet l'observation des nuages, on peut vérifier la rapidité de leur marche alors que souvent l'air est calme à la surface du sol.

Pendant les manœuvres de forteresse de 1894, nous avons également pu constater le fait pendant les ascensions captives de nuit. De 9 heures à 11 heures du soir, le vent était faible à la surface du sol, tandis qu'à 200 ou 300 mètres il imprimait à la nacelle de violentes oscillations, et rabattait le ballon près de terre.

VARIATION DIURNE DE LA VITESSE DU VENT A LA TOUR EIFFEL
ET AU PARC SAINT-MAUR

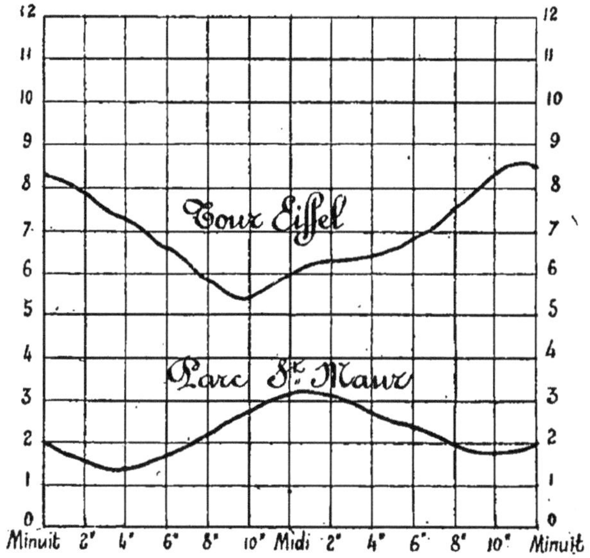

Variations annuelles de la vitesse du vent.

L'intensité annuelle, des vents est rattachée, comme toutes choses, au mouvement de la terre; le vent est moins intense pendant les longs jours de l'été que pendant les courtes journées d'hiver; c'est aussi dans cette dernière saison que se produisent les fluctuations barométriques les plus étendues.

On peut de plus remarquer que pendant les six mois où le soleil est au-dessous de l'équateur, la force du vent surpasse la moyenne de l'année, tandis que, au contraire, sa force est généralement inférieure à la moyenne pour chacun des six autres mois.

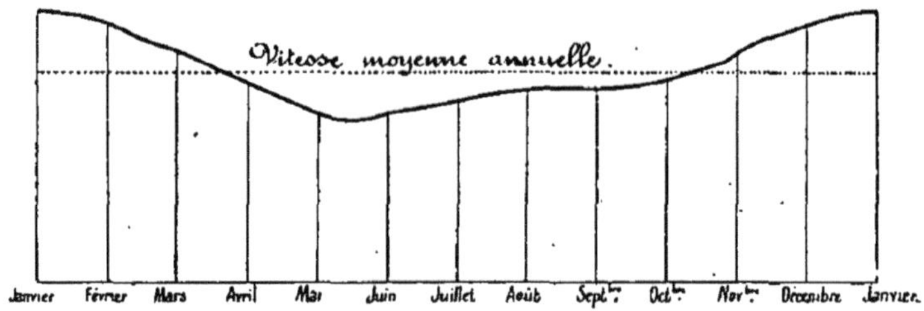

En France, la vitesse moyenne annuelle est de 25 kilomètres à l'heure.

§ 2. — Nature des vents.

On distingue : 1º les vents réguliers ou principaux; 2º les vents périodiques et 3º les vents variables.

Vents réguliers ou principaux.

On appelle vents réguliers, des vents qui soufflent toute l'année dans une direction constante; ces vents, appelés d'une façon générale courants équatoriaux et courants polaires, portent plus spécialement dans la zone tropicale les noms d'alizés et de contre-alizés et prennent naissance dans les circonstances suivantes :

Courants polaires.

A l'équateur, le soleil frappe verticalement la terre de ses rayons et y produit une température constamment plus élevée que dans les zones tempérées, et surtout que dans les régions voisines du pôle, à peine effleurées par eux.

Les masses d'air ainsi échauffées deviennent plus légères ainsi que le démontre la faible hauteur du baromètre, et s'élèvent vers les hautes régions de l'atmosphère.

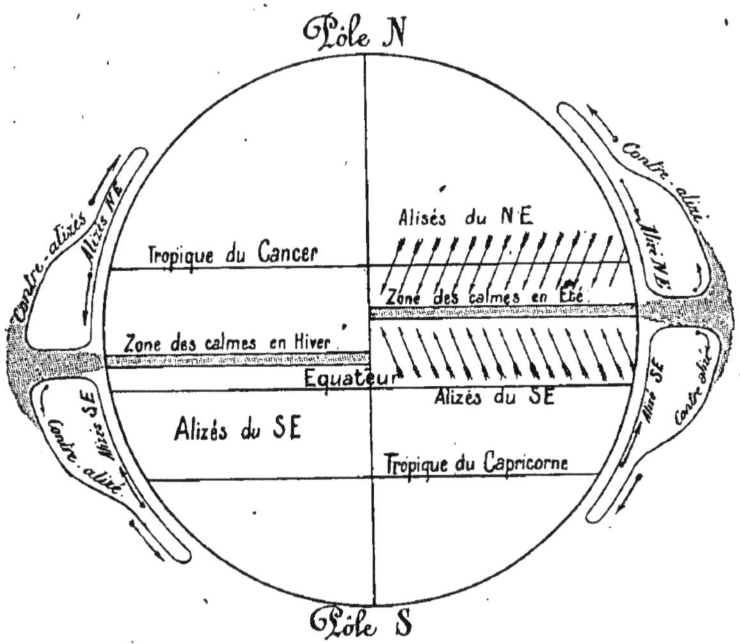

Le mouvement ascensionnel produit un vide que les masses d'air adjacentes viennent remplir, en donnant lieu à un appel d'air des deux côtés des régions torrides.

Deux courants horizontaux, l'un au nord, l'autre au sud, prennent aussi naissance depuis les pôles jusqu'à l'équateur pour venir alimenter le grand courant vertical qui monte des régions équatoriales vers les hauteurs de l'espace.

En raison de la rotation de la terre, d'occident en orient, la direction de ces vents n'est pas celle d'un méridien; en effet, l'atmosphère participant à ce mouvement, à mesure que le courant parti du pôle Nord par exemple avance vers le sud, il pénètre dans des couches d'air animées d'une vitesse de rotation plus grande que la sienne; tandis que la vitesse de rotation des parallèles voisins du pôle est presque nulle, elle atteint 1.100 kilomètres à l'heure à la latitude de Paris, et à l'équateur elle est de 1.667 kilomètres à l'heure. Le courant avance donc vers l'orient plus lentement que les couches qu'il traverse, et sa direction primitivement perpendiculaire aux parallèles s'infléchit peu à peu vers l'ouest par rapport aux régions au-dessus desquelles il souffle et qui marchent plus vite que lui.

Les courants ainsi produits soufflent donc du nord-est dans l'hémisphère boréal, et du sud-est dans l'hémisphère austral; dans la zone tropicale ils ont une très grande régularité de marche, ce sont les vents alizés.

En se rapprochant de l'équateur, leur route s'infléchit de plus en plus suivant les parallèles, et en même temps leur vitesse se ralentit, à cause de l'ouverture des méridiens qui leur permet de s'étaler sur des espaces de plus en plus larges. A leur point de rencontre, dans le voisinage de la ligne équatoriale, les courants alizés du nord et du sud ont des directions à peu près identiques et leur vitesse de translation est très faible; c'est la zone des calmes qui correspond aux parages dont les couches atmosphériques sont le plus fortement échauffées par les rayons solaires et où se produit le mouvement vertical de l'air dilaté.

Cette zone, qui occupe suivant les saisons une largeur de

250 à 1.000 kilomètres, est toujours au-dessus de l'équateur, à cause du groupement de la plupart des continents dans l'hémisphère nord et de la différence de température produite par cette inégale répartition des terres et des mers. Elle suit la marche du soleil, se rapproche du tropique pendant l'été, et s'abaisse vers l'équateur pendant l'hiver. On n'y rencontre, en général, ni tempêtes ni tourbillons, mais de fréquents et puissants phénomènes électriques ainsi que des pluies diluviennes; c'est l'*anneau de nuages* des marins anglais ou le *pot au noir* des marins français.

Courants équatoriaux.

Les masses d'air inter.tropicales qui ont été échauffées s'élèvent à plusieurs kilomètres d'altitude, puis donnent naissance à deux courants de retour, qui s'écoulent en sens inverse dans les régions supérieures de l'atmosphère et fournissent, à cause du mouvement de rotation de la terre, des vents du sud-ouest dans l'hémisphère boréal et des vents du nord-ouest dans l'hémisphère austral; ce sont les courants équatoriaux appelés plus spécialement les contre-alizés dans les régions tropicales.

Ces contre-courants ne commencent guère à l'équateur qu'à une hauteur de 7 à 8 kilomètres au-dessus du niveau la mer, comme on a pu s'en assurer en observant les fumées des volcans ou en réunissant les observations des voyageurs qui ont franchi les hautes montagnes de ces régions (1).

---

(1) Nota. — La théorie que nous venons d'exposer et qui admet pour cause des vents principaux l'échauffement considérable des régions équatoriales, est celle qui a été entrevue par le météorologiste allemand Dove, et exposée clairement vers 1850 par le lieutenant Maury de la marine américaine. Actuellement, une autre théorie partagée par bon nombre de météorologistes admet que tous les grands mouvements de l'air se font suivant des spirales tourbillonnaires ascendantes ou descendantes auxquelles correspondent des régions à pression minima ou

Déviations des vents réguliers.

Aux abords des continents ou des grandes îles, la marche régulière de ces vents généraux des tropiques est fréquemment modifiée par des influences locales qui ont pour effet de changer la direction du courant général ou même de l'oblitérer complètement pour y substituer un vent local qui souffle dans une région plus ou moins étendue.

Tantôt, une haute chaîne de montagnes dressée perpendiculairement à la marche de l'alizé le relève et empêche, jusqu'à une grande distance à l'ouest, son action d'être ressentie.

---

maxima. A la surface du sol, l'air s'écoule des hautes pressions vers les faibles et la direction du vent en un point quelconque est déterminée par la position de ce point par rapport aux centres de haute ou de basse pression.

Les vents équatoriaux et les vents polaires sont produits par deux de ces spirales, analogues aux dépressions et aux anticyclones que nous étudierons plus loin; mais tandis que ces derniers phénomènes se déplacent à la surface de la terre, les tourbillons des vents principaux restent fixes et comprennent : 1° un maximum ayant son centre à peu près aux Açores, et dont les spirales, tournant dans le sens des aiguilles d'une montre, couvrent l'Océan des rives de l'Amérique aux côtes de l'Europe; 2° un minimum ayant son centre vers l'Irlande, produisant des vents qui tournent en sens inverse des aiguilles d'une montre et qui amène pour la France en particulier des vents d'ouest.

Quelle que soit l'explication donnée, l'existence des vents principaux qui se revèlent dans les régions tropicales sous la forme si régulière des alizés ou contre-alizés, n'en est pas moins absolument démontrée. La circulation par bandes de Maury semble être l'expression exacte de la circulation normale, et elle dominerait certainement partout, si la présence des continents ne venait troubler profondément l'équilibre atmosphérique. C'est ainsi que la présence de vastes mers dans l'hémisphère sud permet de constater cette circulation par bandes, les isobares se confondant sur des longueurs considérables avec les parallèles géographiques.

Dans l'hémisphère nord, au contraire, les influences continentales modifient plus ou moins la circulation des vents principaux qui s'effectue alors par centres disséminés.

Aussi les deux théories ont-elles besoin d'être fondues ensemble pour donner une idée juste de la circulation atmosphérique dans les deux hémisphères.

Tantôt une mer étroite ou la vallée humide d'un grand cours d'eau, resserrées entre des bords élevés, donne nais-sance à un vent local, suffisant pour vaincre le courant puissant mais lent du vent polaire.

Tantôt de vastes déserts de sable, qui par leur échauffement produisent de forts courants ascendants, occasionnent un violent appel de l'air des contrées voisines vers leur centre et créent dans ces contrées des vents locaux dont la direction diffère de celle de l'alizé. Ces vents locaux composent alors leur force et leur orientation avec le courant général, ce qui donne lieu à un vent ayant une direction intermédiaire entre les directions principales des vents composants.

Tantôt des massifs montagneux importants, véritables îles au milieu des plaines du continent, forcent les vents régnants à contourner leur base, transforment leur direction primitive en direction excentrique et modifient quelquefois profondément le sens de leur marche. A Madagascar, par exemple, les alizés soufflent règulièrement de l'est à l'ouest.

Changement de niveau des vents réguliers.

Il est rare que le contre-courant supérieur se maintienne dans les hautes régions de l'atmosphère, et que, de son côté, le vent polaire, qui, dans la zone tropicale, devient le vent alizé, coule toujours à la surface du sol.

Souvent le vent de retour, alourdi par les énormes quantités d'eau qu'il transporte et perdant peu à peu la température élevée qui lui donnait la possibilité de se soutenir à une grande élévation, descend des hauteurs du ciel à la surface de la mer, et vient se croiser avec les masses aériennes plus froides et plus sèches qui affluent du pôle vers les parages brûlants de l'équateur. Sous nos climats tempérés de l'Europe, ce courant équatorial est le vent dominant, comme nous le verrons plus loin.

Vents périodiques.

Les vents périodiques sont des vents qui soufflent régulièrement dans la même direction, aux mêmes saisons et aux mêmes heures de la journée; telles sont les moussons et les brises.

Moussons.

On appelle moussons, des vents qui soufflent six mois dans une direction et six mois dans la direction opposée. On les observe principalement sur la côte occidentale d'Afrique et dans les mers des Indes et de la Chine. Ces vents sont dirigés vers les continents pendant l'été, et en sens contraire pendant l'hiver.

Les moussons de la côte de Guinée ont pour cause une déviation régulière des vents alizés provenant de l'aspiration du désert du Sahara, qui fortement échauffés de mai à octobre, produit des courants ascendants et par suite un immense appel d'air de toutes les régions environnantes.

La Méditerranée a aussi ses moussons connues sous le nom de vents étésiens. En été, l'air fortement échauffé au-dessus du désert du Sahara, s'élève avec une grande force, en produisant dans les zones inférieures des vents du nord qui se font sentir dans tout le nord de l'Afrique et qui sont encore dominants à Toulon et à Marseille. En hiver, au contraire, où le sable rayonne fortement, l'air du désert est plus froid que celui de la mer et il se produit un vent du sud très froid et que l'on ressent notamment en Egypte. Tous les navigateurs savent qu'en été la traversée d'Europe en Afrique est toujours plus courte que le retour.

Brises.

Les brises sont des vents qui soufflent sur les côtes de la mer, vers la terre, le jour; et de la terre vers la mer, la nuit, c'est-à-dire de la région la plus froide à la région la plus chaude.

Pendant les chaudes journées, les contrées du littoral s'échauffent beaucoup plus rapidement que la surface de l'Océan ; vers dix heures du matin, après une période de calme plus ou moins longue, une rupture d'équilibre s'opère entre les masses aériennes, et l'atmosphère plus fraîche reposant sur les eaux se porte vers la terre pour y remplacer l'air dilaté qui s'élève vers les régions supérieures.

Durant la nuit, le sol perd par rayonnement une grande partie de la chaleur qu'il a reçue, tandis que la nuit conserve à peu près la température de la journée. L'équilibre se rompt encore une fois, mais en sens inverse, et la brise est ramenée en arrière. Tout le pourtour des continents est ainsi bordé d'une bande de brises alternantes.

Par analogie, les montagnes ont aussi leur système propre de brises alternant avec une régularité semblable à celle des brises marines. Les jours d'été, lorsque les cimes des monts s'échauffent fortement, elles transmettent leur chaleur aux couches d'air ambiantes qui acquièrent ainsi une température plus élevée que celles situées au-dessus des vallées, et il se forme un courant ascendant qui lèche constamment la surface de la montagne. La nuit le vent s'ébranle en sens inverse vers les plaines dont l'atmosphère se refroidit beaucoup plus lentement que celle des sommets.

Tel est le vent périodique qui apparaît à Grenoble vers onze heures du matin, pour disparaître avec le coucher du soleil. C'est lui qui soulève ces flots de poussière dans les rues et les promenades alors qu'un observateur placé sur les glacis de la Bastille, à 300 mètres au-dessus de la ville, se trouve au milieu d'un calme complet.

Voici l'explication de ce phénomène, d'après M. le professeur Hurion :

« Les montagnes qui bordent la partie supérieure de la

vallée de l'Isère reçoivent presque normalement les rayons solaires pendant la matinée. Elles s'échauffent d'autant plus facilement qu'elles présentent dans ces régions des surfaces arides. Elles communiquent leur chaleur aux couches d'air avec lesquelles elles sont en contact ; de là production d'un courant d'air ascendant qui donne naissance à de nombreux cumulus, et, par suite, à un vide partiel qui est comblé par un appel d'air venant de la vallée du Drac et de la partie inférieure de la vallée de l'Isère. »

Vents variables.

En dehors des régions tropicales, où soufflent les vents réguliers et périodiques, les zones tempérées sont le siège de vents variables dont la direction ne semble *a priori* obéir à aucune loi. Cette circonstance est toutefois plus apparente que réelle et nous allons rechercher les causes générales qui déterminent le sens et l'intensité de ces différents vents.

Vents locaux.

Tout d'abord un certain nombre d'entre eux sont dits singuliers ou locaux et se reproduisent à des intervalles variables sous l'influence des mêmes causes ; ce sont :

1° *Le Mistral*, qui souffle en Provence et qui se présente comme un vent sec et froid parce qu'il s'est refroidi en traversant les Pyrénées et qu'il s'est dépouillé de la plus grande partie de son humidité en passant sur le versant occidental des Cévennes. Ce vent dérive en effet du courant équatorial et vient du S -W. ; mais le plateau central et le massif des Alpes le font dévier de sa route et le détournent vers le golfe du Lyon ; ce courant, rétréci entre les contreforts des Alpes et le plateau central, souffle avec une grande violence dans la vallée du Rhône et parcourt cette vallée du N. au S ;

2º *Le Foehn*, soufflant de la partie du S., est l'antipode du mistral; arrivant d'Afrique, il vient fondre les neiges des Alpes.

La Provence présente ainsi un système particulier de deux vents principaux formés par le N. ou le N.-W., vent sec et froid, et par l'E. ou S.-E., vent chargé de vapeurs, qui amène la pluie;

3º *Le Simoun*, produit par la haute température des déserts de sable de l'intérieur de l'Afrique; il souffle habituellement vers l'équinoxe du printemps et se traduit en Europe par le siroco d'Italie et le solano d'Espagne;

4º *L'Harmattan*, qui souffle trois ou quatre fois chaque saison de l'intérieur de l'Afrique vers l'océan Atlantique et apporte chaque jour sur les côtes de Guinée l'atmosphère lourde et suffocante des terres brûlantes de l'intérieur.

En dehors de ces vents locaux, la direction et la force du vent en un point quelconque de la terre sont encore déterminées par des causes locales provenant de la résistance opposée par la surface terrestre au mouvement de l'air.

Déviations produites par le relief du sol.

En pays de montagnes, les brises inférieures suivent les vallées; en effet, le vent, abordant obliquement une paroi escarpée, est dévié par le choc et se refléchit comme un courant d'eau heurtant une de ses rives. Supposons que cette paroi se prolonge sur une grande longueur et constitue l'un des bords d'une vallée profonde, le vent enfilera cette vallée, tandis qu'au-dessus le courant général se maintiendra dans sa direction propre. Ce fait sé vérifie fréquemment pendant les ascensions libres, lors de la navigation au guide-rope. (Ascensions du capitaine Zobel, au parc aérostatique de Grenoble.)

Dans ces défilés étroits, l'air s'accumule et atteint une

grande vitesse. Au contraire, dans les terres basses d'un pays montagneux, la vitesse est ordinairement très réduite; contre les flancs d'une montagne isolée, l'air est dévié latéralement des deux côtés, il en fait, pour ainsi dire, le tour.

Fréquence des différents vents.

Le courant équatorial qui se rend de l'équateur au pôle modifie, comme nous l'avons vu, peu à peu sa direction S.-N. et tourne petit à petit au S.-W. à mesure qu'il avance dans des latitudes plus élevées; en même temps, il se refroidit et s'abaisse peu à peu; vers le 30e degré il est déjà descendu presque à la surface du sol, et aux latitudes de la France il est tout à fait près du sol. Ce courant équatorial

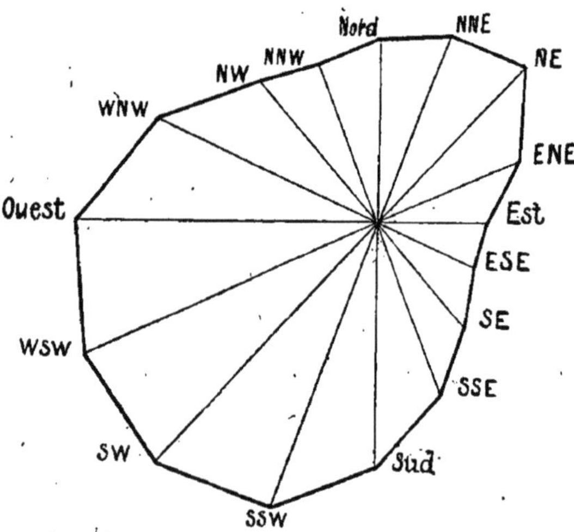

ROSE MOYENNE ANNUELLE DES VENTS A PARIS

constitue ainsi le vent du S.-W., qui domine dans toute l'Europe; en France, ce vent souffle à peu près 19 fois sur 100.

Si l'on examine la rose moyenne annuelle des vents, à

Paris, on constate l'existense d'un deuxième maxima, correspondant au vent N.-E. ; c'est le courant polaire qui souffle dans nos régions 14 fois sur 100.

Comme l'air du courant équatorial est plus léger que celui du courant polaire, les vents du S. commencent à souffler dans les régions supérieures de l'atmosphère, tandis que les vents du N. soufflent d'abord dans les régions inférieures. Les vents du S.-W. sont par suite annoncés par plus de signes que ceux du N.-E. et ils sont précédés de longues traînées de nuages légers qui s'étendent dans les couches élevées de l'atmosphère.

La figure ci-dessous, dans laquelle on a porté sur chaque rayon vecteur une longueur proportionnelle au nombre de fois qu'a soufflé le vent correspondant, donne la fréquence des principales directions de vent.

Voici donc déjà deux directions principales; tantôt le courant équatorial domine, chaud et humide, tantôt c'est le courant polaire, sec et froid.

Les vents variables de nos régions tempérées résultent du conflit ou de l'accord des vents locaux avec l'un des deux vents généraux précédents; leurs variations dépendent en grande partie de la position du lieu considéré par rapport à certains phénomènes importants que nous allons maintenant étudier : ce sont les tempêtes tournantes ou centres de dépressions, sorte de vastes mouvements giratoires dont la formation et la marche amènent des perturbations continuelles dans le régime ordinaire et causent ces variations de temps dont l'analyse et la prévision constituent le grand problème utile de la météorologie pratique.

§ III. — Dépressions et anticyclones.

Zones de haute et basse pression.

Les causes du vent que nous avons examinées (chaleur, évaporation, condensation ou précipitation) conduisent toutes au même résultat qui est de déterminer dans l'atmosphère des zones à haute pression barométrique et des zones à basse pression.

(Il s'agit bien entendu de la pression barométrique réduite au niveau de la mer, et nous n'envisagerons dans tout ce qui suit que la distribution horizontale des pressions, sans tenir compte des différences produites par l'altitude des points du sol.)

Il résulte de là un échange d'air constant qui tend à uniformiser les pressions, comme cela se produit pour les liquides dans les vases communiquants, et on peut, en examinant attentivement les cartes des isobares, poser immédiatement les lois suivantes :

1re *Loi.* — Le vent souffle à la surface du sol des régions où la pression atmosphérique est élevée vers celles où elle est moindre. Autour d'un maximum de pression, le vent souffle au dehors dans toutes les directions ; autour d'un minimum, au contraire, il souffle en dedans.

2e *Loi.* — La direction du vent n'est pas perpendiculaire aux isobares ; elle incline à droite dans l'hémisphère boréal et à gauche dans l'hémisphère austral.

Ceci tient au mouvement de la terre qui a pour effet de modifier la direction des masses d'air se mouvant à la surface. Si ces masses se déplacent de l'équateur au pôle nord, leur direction au lieu d'être S.-N. sera S.-W.-N.-E. et, au lieu d'arriver au foyer d'appel, elles passeront à l'E. de ce point. Inversement, les masses se déplaçant du pôle à l'équateur prendront la direction N.-E.·S.-W. et passeront à l'W. du centre d'attraction. De sorte qu'en résumé les transports aériens qui s'accomplissent entre les zones à pression barométrique élevée et celles à pression barométrique plus faible ne suivent pas le chemin le plus court pour arriver à rétablir l'équilibre, mais inclinent toujours vers la droite du centre des basses pressions de notre hémisphère.

<h3 align="center">Tourbillons.</h3>

Une fois arrivées à la hauteur de ce centre, l'espèce d'attraction exercée par celui-ci produit une nouvelle modification dans la trajectoire des molécules d'air. La vitesse

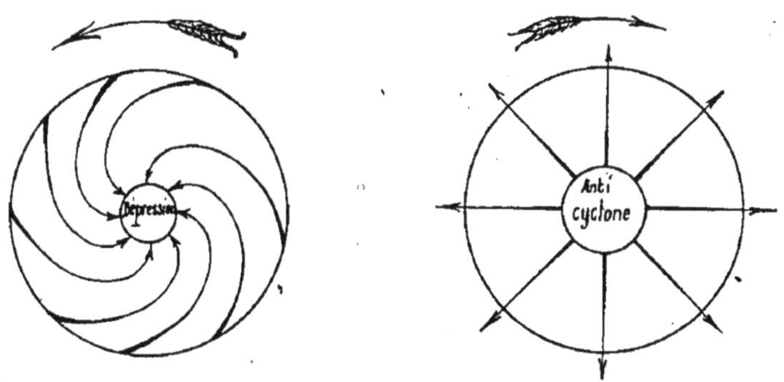

de translation dont elles sont animées, combinée avec l'attraction du foyer d'appel et la force centrifuge, leur assigne pendant un certain temps un mouvement circulaire autour de ce foyer dont elles se rapprochent de plus en plus; leurs trajectoires sont donc de véritables spirales dont la figure ci-dessous donne la représentation et la rotation s'opère, pour l'hémisphère boréal, dans le sens inverse des aiguilles d'une montre.

Loi de Buys Ballot. — Si donc l'observateur se place le dos tourné au vent, il a à sa gauche le centre de dépression et à sa droite les points de haute pression barométrique.

Cyclone ou dépression.

On donne au lieu du minimum barométrique le nom de centre du tourbillon, ou dépression. On l'appelait autrefois cyclone, mais ce terme est plus spécialement réservé aujourd'hui pour désigner certaines tempêtes violentes de l'océan Indien.

Anticyclones.

Quant aux régions où la pression est maximum, on les appelle anticyclones; le vent souffle, à partir de ce maximum, en allant vers l'extérieur et en s'inclinant à droite; il décrit une trajectoire en forme de spirale qui fait circuler l'air dans le sens du soleil (ou des aiguilles d'une montre) pour l'hémisphère boréal.

Courants ascendants et descendants.

L'air qui afflue, comme nous venons de le voir, vers les points de pression minima, ne peut s'y accumuler, car la pression y augmenterait alors et deviendrait aussi élevée que dans les points environnants, ce qui supprimerait la dépression, et il est obligé de s'échapper par en haut, ce qui occasionne un courant ascendant. Pareillement, pour qu'un maximum de pression se maintienne pendant un certain temps en un point déterminé, il est nécessaire que l'air qui part de ce point dans toutes les directions soit remplacé, ce qui nécessite l'existence d'un courant descendant.

De là vient que dans les couches supérieures, il y a des courants opposés à ceux des couches inférieures, ce dont on peut s'assurer par l'observation des nuages élevés appelés cirrus qui vont généralement du point de la surface terrestre où se trouve un minimum à celui où existe un maximum barométrique.

Transports aériens entre les zones à haute pression et les zones à basse pression.

Ainsi donc, il existe entre les zones à maxima et à minima barométrique un double échange continu ; près du sol, il a lieu des zones à maxima vers celles à minima ; dans le haut, il se produit en sens inverse.

La rotation de la terre exerce son influence des deux côtés, en dirigeant les divers courants suivant des spirales divergentes ou convergentes, selon qu'on les considère comme émanant des anticyclones ou aboutissant au contraire aux dépressions ; enfin, dans notre hémisphère, ces spirales tournent dans le sens des aiguilles d'une montre pour les anticyclones, et dans le sens inverse pour les dépressions.

Déplacement des dépressions et des anticyclones.

Si les dépressions et les anticyclones occupaient toujours les mêmes endroits de la surface du globe, les vents auraient en chaque lieu des directions générales à peu près constantes. Pour une localité située au S. d'une dépression, la girouette serait continuellement tournée vers le S. W. ; pour une localité située au N., le vent conserverait toujours la direction du N.-E. Mais il n'en est pas ainsi et nous devons en conclure que les dépressions et les anticyclones se déplacent ; c'est en effet ce que nous apprend l'observation.

Marche des dépressions.

Les dépressions avancent presque toujours sur notre continent du S.-W. au N.-E. ; elles nous arrivent, en général, de l'Atlantique, par le S.-W. de l'Irlande, et paraissent avoir pris naissance dans les parages du Gulf-Stream, que depuis longtemps les marins ont appelé *le père des tempêtes.*

Elles longent ensuite les côtes occidentales de l'Islande, puis celles de l'Ecosse et de la Norwège, et elles disparaissent au N. du continent par la Laponie; souvent aussi, après avoir atteint le golfe de Bothnie, elles descendent sur l'Europe centrale et se dirigent soit vers la Méditerranée, soit vers la mer Noire. Quelques-unes traversent parfois l'Islande et l'Angleterre pour gagner, soit la mer du Nord et la Norwège, soit la mer Baltique et la Russie.

Certaines de ces dépressions ont été observées en Amérique avant de nous parvenir, et les navires disséminés sur l'Océan ont pu observer leur déplacement.

D'autres tourbillons, plus gigantesques encore, s'avancent parfois depuis la zone torride jusque dans les hautes latitudes septentrionales, et portent plus spécialement le nom de cyclones ; ils ont leur origine un peu au-dessus de l'équateur, du 5e au 10e degré de latitude nord, et se meuvent suivant une courbe parabolique ayant son sommet à l'ouest et ses deux branches à peu près symétriques par rapport au tropique.

Au-dessus de ces tempêtes tropicales s'étend toujours un nuage sombre et compact qui verse des torrents de pluie, accompagnés de puissants phénomènes électriques; dans certains cas spéciaux le calme règne au centre de la dépression et le rideau de nuages s'entrouvre pour laisser apercevoir un instant l'azur du ciel. C'est ce que les marins appellent l'*œil de la tempête.*

En revanche, il arrive fréquemment que des dépressions observées en Amérique s'éteignent avant de gagner l'Europe et se comblent pendant leur traversée de l'Océan.

Quelques tourbillons se produisent aussi au sud de l'Europe, dans les contrées baignées par la Méditerranée ; mais leurs formes et leur trajectoire paraissent être plus irrégulières que dans les pays du Nord. La route parcourue par les dépressions qui nous arrivent de l'Océan suit le soleil dans son mouvement; le soleil rétrogradant vers l'équateur, la ligne des mauvais temps rétrograde avec

NAISSANCE ET PARCOURS ORDINAIRE DES CYCLONES DANS L'ATLANTIQUE.

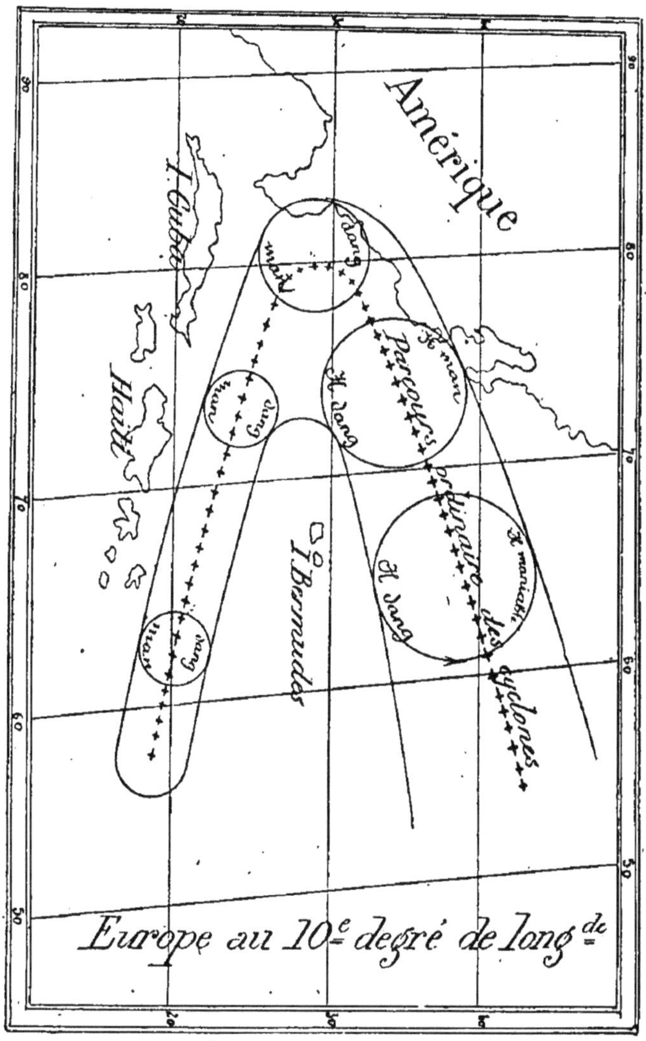

lui. Ainsi vers septembre, octobre, novembre, les bourrasques qui passaient en été au-dessus de nos latitudes traversent l'Europe centrale, atteignent même l'Algérie;

c'est pour nous la saison des tempêtes. Puis généralement, quand le soleil revient dans notre hémisphère, la route ordinaire des bourrasques remonte vers le nord de l'Europe ; c'est pour nous la saison des calmes.

Dans les régions intertropicales, le phénomène est encore plus accentué ; le soleil, selon qu'il est dans l'hémisphère boréal ou dans l'hémisphère austral, fait prévaloir la sécheresse ou les pluies diluviennes pendant près de cinq mois consécutifs.

Etendue des tourbillons.

Les tourbillons ont des étendues très variables, depuis un diamètre à peine apprécble jusqu'à iaune étendue égale à la distance du cap Nord à Gibraltar, ou du Groënland à la Norwège.

Il n'est pas rare de voir une dépression faire sentir à la fois ses effets sur les Iles Britanniques, le Danemark, les Pays-Bas, la Belgique, la France et l'Allemagne ; maintes fois, les dimensions varient d'un jour à l'autre ; la dépression se resserre puis s'étale de nouveau, passant ainsi par des phases successives d'intensité. En général plus le trouble atmosphérique a d'extension, plus est grande son énergie.

Vitesse de propagation des tourbillons.

La vitesse avec laquelle avance le tourbillon est très variable ; on a observé des centres presque immobiles ; leurs effets sont moins prononcés, mais ils ont une durée plus longue ; tandis qu'on en a vu d'autres atteindre une vitesse de plus de 130 kilomètres à l'heure (tempête du 12 mars 1876) ; la vitesse de 40 kilomètres est très commune en Scandinavie, pour les tourbillons de l'hiver.

Le plus souvent, le tourbillon atteint son maximum de vitesse sur l'Atlantique ; cette vitesse se ralentit ensuite de plus en plus à mesure que le tourbillon pénètre dans le continent, et elle devient très faible dans le nord de la Russie. De plus, la pression se relève peu à peu au centre, et le creux formé par l'air en ce point finit par se combler.

Rotation du vent pendant le passage du tourbillon.

Dans son mouvement en avant, à la surface du sol, le tourbillon produit, en même temps que des changements dans la direction du vent, des modifications profondes dans les éléments météorologiques de tous les points par lesquels il passe.

Recherchons comment s'effectuent ces changements et examinons successivement les positions différentes d'un lieu par rapport au centre de la dépression.

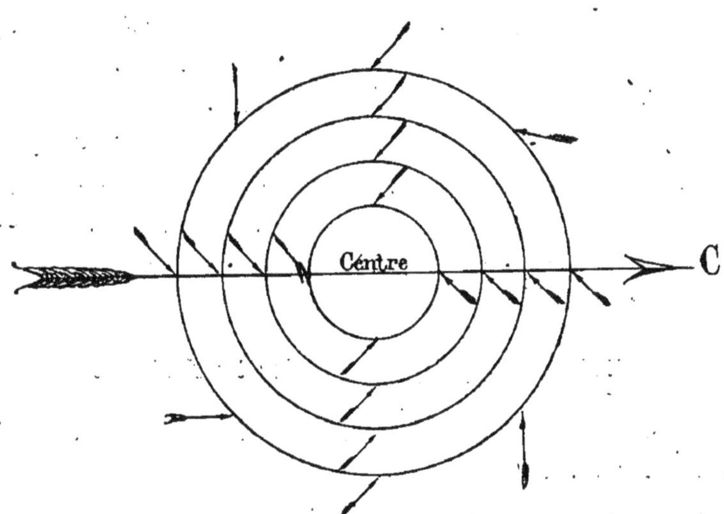

1º Le lieu considéré est situé sur la trajectoire du centre de dépression. Ce lieu aura le vent du S.-S.-E. dès que la trajectoire l'aura atteint au point C et ce vent conservera sa direction jusqu'à ce que le centre de dépression se trouve de l'autre côté du lieu; à ce moment il se produira un brusque saut du vent, et la nouvelle direction, qui viendra du N.-N.-W., se maintiendra jusqu'à ce que le tourbillon ait disparu ;

2° Le lieu considéré est situé au-dessus du centre de dépression. On voit facilement que le vent subit alors une rotation en sens inverse du soleil depuis le S.-E. jusqu'au N.-E.;

3° Le lieu considéré est situé au-dessous du centre de dépression. Les flèches montrent encore que le vent tourne dans le sens du soleil du S.-W. au N.-W.

Or, dans la zone tempérée boréale les tourbillons se déplacent, comme nous l'avons vu, de l'W. à l'E. et leurs centres passent généralement au nord de nos régions; comme d'autre part ces tourbillons sont assez fréquents pour que la majeure partie des rotations des vents puisse leur être attribuée, on peut énoncer la loi suivante :

Loi de Dove.

Les changements de direction des vents ont lieu en général dans l'hémisphère boréal, dans le sens du soleil, c'est-à-dire du S. au N. en passant par l'W. et du N. au S. en passant par l'E.; la rotation est alors dite rotation directe du vent.

Il y a exception à cette loi lorsque les variations se produisent sous l'influence d'une dépression passant au S. du point considéré; la rotation se fait alors en sens inverse des aiguilles d'une montre; elle est dite alors rotation inverse du vent.

Le météorologiste Dove, qui a le premier énoncé cette loi, a pu la vérifier expérimentalement par un grand nombre d'observations faites dans la zone tempérée boréale.

Mode de transport du tourbillon.

On a comparé les tourbillons qui se forment autour d'un minimum barométrique à ceux qui se forment à la surface des eaux courantes et qui sont entraînés par elle. Mais cette explication est erronée; si le tourbillon était en effet une masse d'air déterminée tournant autour de son centre comme une trombe, il serait très difficile de comprendre comment les vents des différents côtés du tourbillon peuvent amener des conditions diverses d'humidité, de température, de précipitation, etc....., car il ne serait pas possible d'imaginer qu'un vent du N., sec et froid, devienne tout à coup chaud et humide par le seul effet d'une demi-révolution du tourbillon.

Le tourbillon est au contraire composé de masses d'air toujours nouvelles, qui, décrivant des spirales, se rapprochent de plus en plus du centre, et s'élèvent alors dans l'atmosphère sous l'influence du courant ascendant qui règne au centre de la dépression. Le météorologiste Mohn a comparé la marche du tourbillon à celle d'une vague dont le creux correspond au minimum barométrique tandis que la crête figure le maximum barométrique qui sépare deux dépressions.

Dans la partie antérieure du creux de la vague, toutes les molécules d'eau descendent, de même que le baromètre dans la moitié avant du tourbillon; et dans la partie postérieure, les molécules d'eau montent, comme le baromètre dans la moitié arrière du tourbillon.

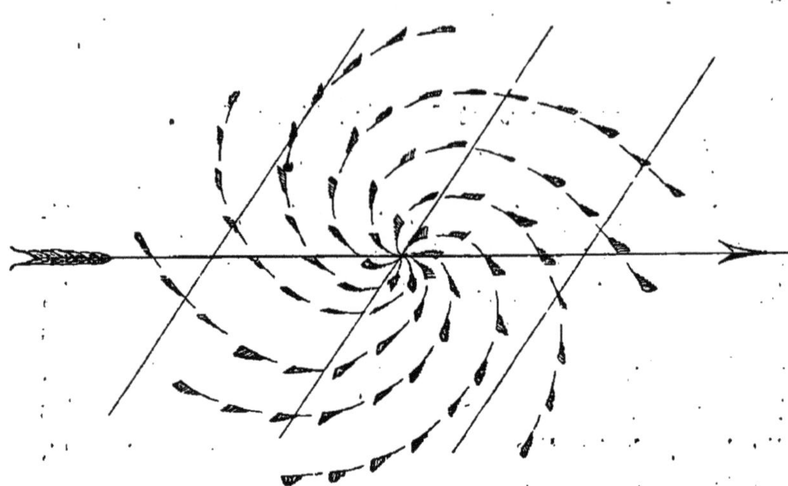

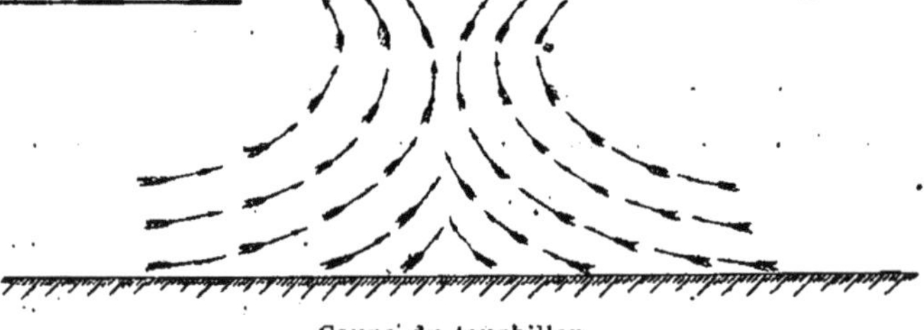

Coupe du tourbillon.

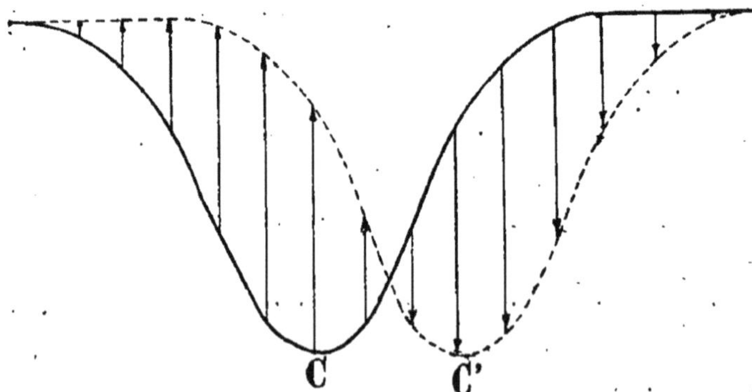

Marche du tourbillon d'après Mohn.

Vitesse du vent dans les dépressions.

La force du vent dépend de la rapidité avec laquelle décroît la pression atmosphérique à mesure qu'on s'approche du centre de dépression ; plus les isobares sont rapprochés, plus la vitesse du vent est considérable ; plus les isobares sont écartés, plus les vents correspondants sont faibles. Aussi y a-t-il de fréquentes tempêtes dans les Feroë et les Shetland, c'est-à-dire autour des centres de dépressions, tandis que les vents sont ordinairement doux en Russie.

Lorsque la vitesse du vent dépasse 20 mètres par seconde on dit qu'il y a bourrasque ; au delà de 25 à 30 mètres, c'est une tempête ; enfin l'ouragan correspond à une dépression plus violente encore. Nous citerons comme exemple de tempête celle du mois de décembre 1886, une des plus violentes de toutes celles qu'on ait observées depuis l'organisation des services météorologiques, et pendant laquelle le baromètre est descendu près de Liverpool au chiffre extraordinaire de 696 mm. (Voir pages 88 et 89.)

Annoncée par les Etats-Unis, et arrivée le 7 par l'Atlantique à l'ouest de l'Irlande, elle avait le 8 à 7 heures du matin son centre de dépression près de Mullaghmore ; à Paris, la baisse de dépression avait commencé le 8, à minuit, et, de 750, le baromètre était descendu à 728, le même jour à midi.

Le lendemain 9, les isobares étaient presque les mêmes et le centre s'était déplacé de 100 kilomètres à peine, fait extrêmement rare pour des tempêtes d'une pareille intensité.

Le 10, la dépression avait marché vers l'E.-N.-E. ; son centre se trouvait près de Christiania et la pression s'y était relevée à 720.

La pluie est tombée à Londres avec une telle intensité que, dans la soirée du 8, certaines rues ont été couvertes de 10 centimètres d'eau.

Marche des anticyclones.

Ordinairement les maxima barométriques ou anticyclones se maintiennent pendant un certain temps dans les lieux où ils se sont formés; lorsqu'ils se déplacent, ce n'est que lentement et ils marchent alors tantôt de l'E. à l'W., tantôt de l'W. à l'E.

Un remarquable anticyclone a été observé en janvier 1882; dès le 5, une aire de hautes pressions se montre en Portugal; le phénomène se déplace les jours suivants avec une faible vitesse, et le 17 il atteint son maximum avec son centre à Berne (787^{mm},7). L'anticyclone reste stationnaire pendant près de trois jours, puis rétrograde ensuite lentement vers l'W.; mais ce n'est que le 22 janvier que la pression descend au-dessous de 780^{mm}. (Voir page 90.)

Variations du vent produites par les anticyclones.

Les anticyclones concourent comme les dépressions aux variations de direction du vent, mais comme ils se meuvent indifféremment de l'E. à l'W. ou de l'W. à l'E., le sens de la rotation dépend à la fois de la direction et de la position du météore.

Autant la dépression agite l'atmosphère, autant l'anticyclone se distingue en général par le calme de l'air pendant toute sa durée.

Causes des tourbillons.

L'état actuel de la science ne permet pas d'expliquer d'une manière satisfaisante la formation des dépressions,

TEMPÊTE DU 8 DÉCEMBRE 1886.

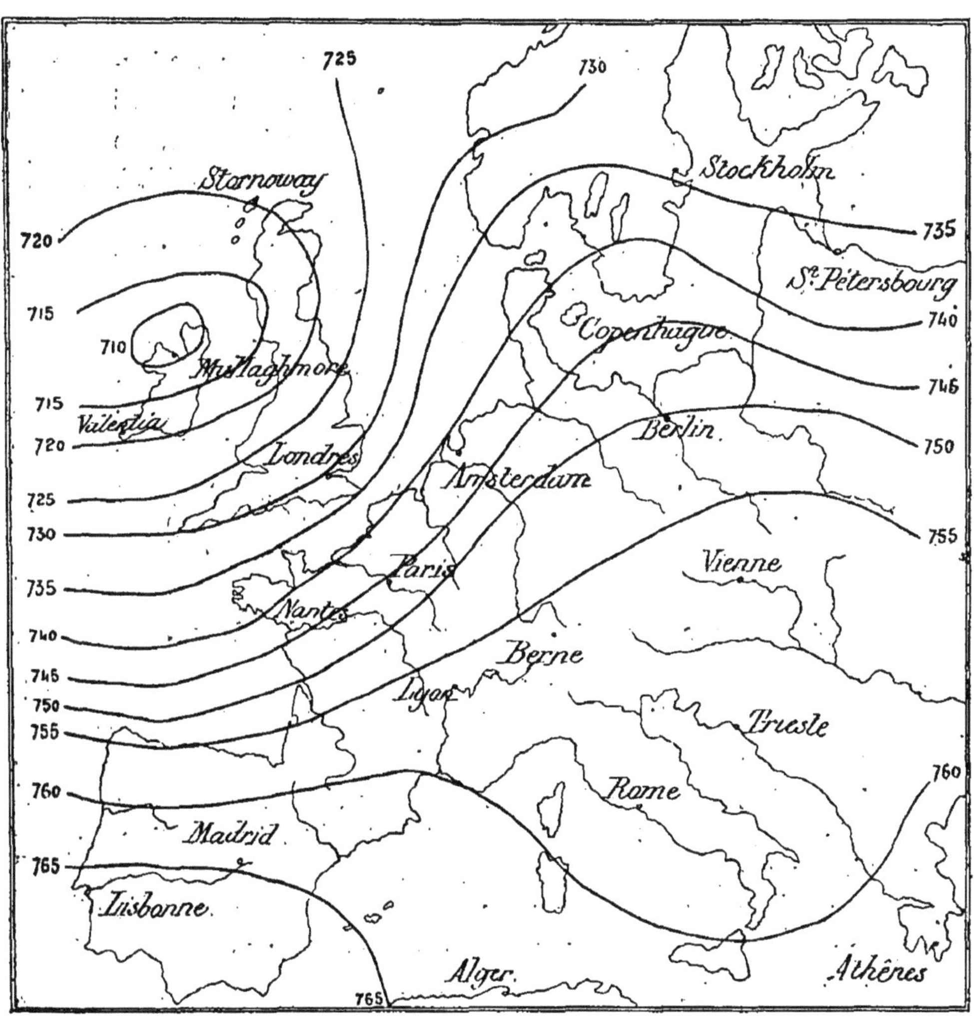

leurs lieux de naissance et les forces qui produisent les mouvements tourbillonnaires voyageurs.

Différentes théories ont été émises à ce sujet. Dans la première on admet que l'action du soleil, échauffant plus fortement certains points du sol, produit des courants ascendants et un appel de l'air environnant.

TEMPÊTE DU 9 DÉCEMBRE 1886.

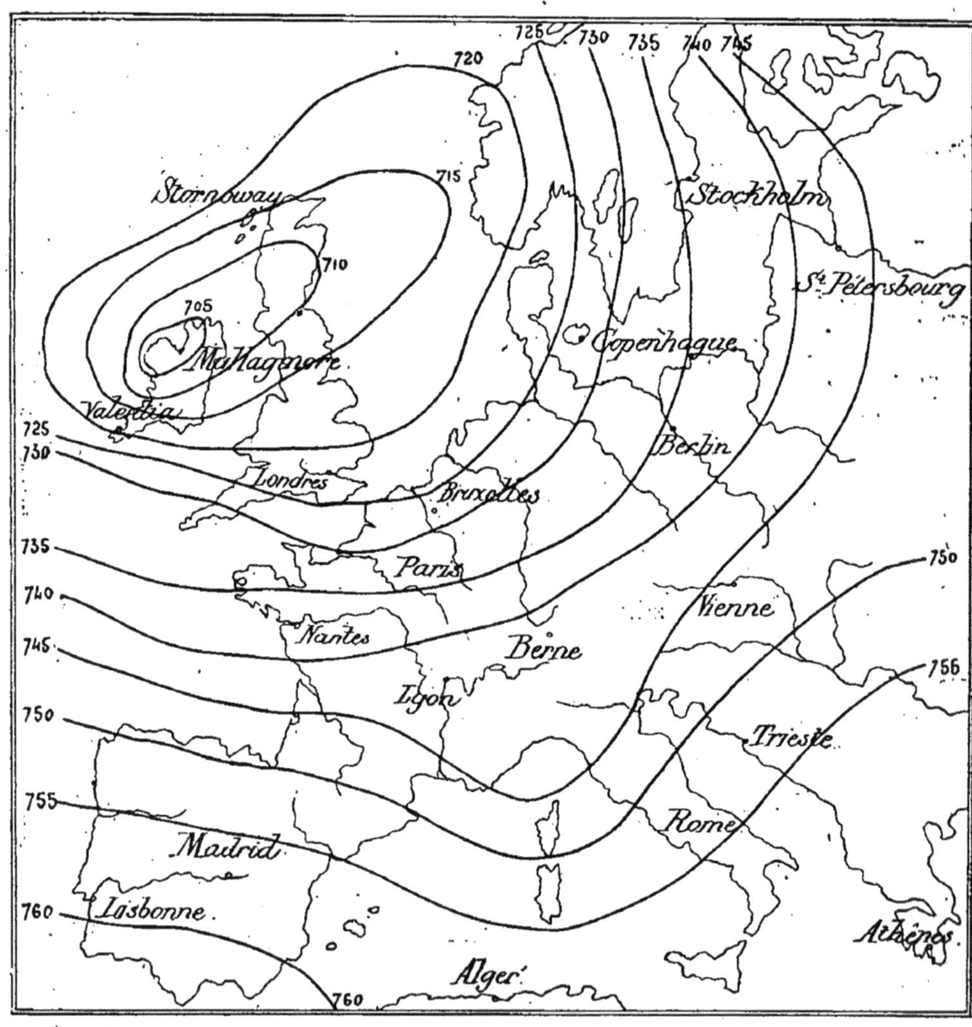

D'après une deuxième hypothèse, la condensation de la vapeur d'eau produit une diminution de la pression barométrique et par suite un vide et un appel d'air ; en même temps la chaleur latente dégagée par cette condensation occasionne un échauffement des couches d'air et la forma-

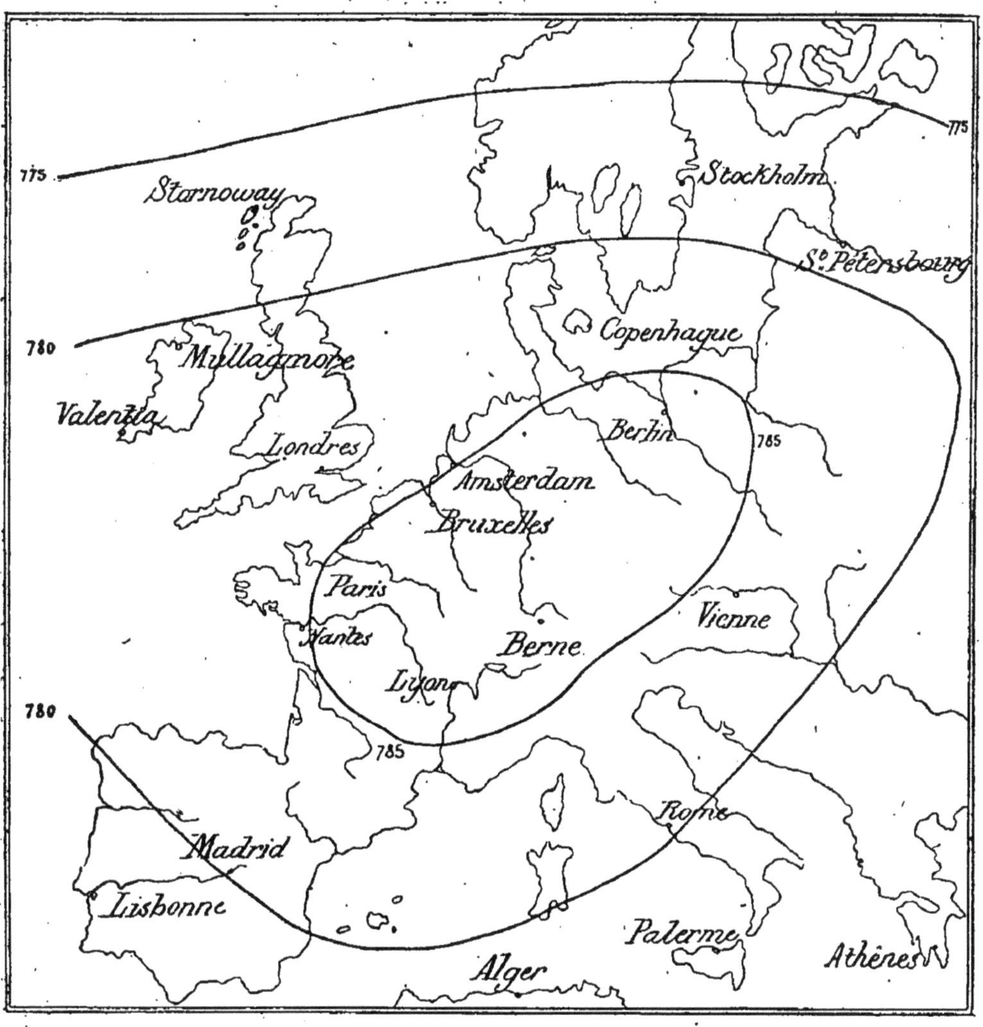

tion d'un courant ascendant. Une troisième théorie, due à M. Faye, fait naître la dépression dans les courants supérieurs. « Les mouvements giratoires à axe vertical, dit

M. Faye, se produisent dans l'atmosphère aux dépens des inégalités de vitesse des grands courants horizontaux. C'est un phénomène général, semblable mécaniquement aux tourbillons de nos cours d'eau. Comme eux ils sont toujours descendants. Ils suivent le fil du courant supérieur avec la vitesse uniformisée et réduite de celui-ci ; leur étendue nous fait connaître la marche des courants supérieurs de l'atmosphère qu'ils tracent en quelque sorte sur le sol, en se propageant avec leur vitesse et leur direction au sein des couches inférieures. »

Enfin une dernière théorie, due à Dove, admet que les tourbillons se forment aux endroits où se côtoient les deux grands courants atmosphériques réguliers, le courant équatorial et le courant polaire. Le déplacement de la ligne de rencontre de ces deux courants amène ainsi le déplacement des tourbillons ou dépressions qui y règnent.

§ IV. — Caractères des vents.

Les vents exercent une influence prépondérante sur les variations de la température, de la pression et de l'état hygrométrique.

Influence sur la température.

Les courants de l'atmosphère apportent avec eux la température des contrées d'où ils viennent ; en France, les vents du S.-E. au S.-W. sont les plus chauds ; ceux du N.-W. au N.-E. sont les plus froids. Les températures moyennes correspondant aux différents vents sont à Paris :

N.	N.-E.	E.	S.-E.	S.	S.-W.	W.	N.-W.
11°,2	11°,5	13°,2	15°,1	15°,2	14°,7	13°,4	11°,9

soit 4° de différence entre l'influence des vents chauds et celle des vents froids.

Le vent agit encore non seulement par sa chaleur, mais par les vapeurs qu'il entraîne et qui modifient l'état du ciel.

En hiver, les vents humides de l'W. sont chauds, parce qu'ils viennent de la mer plus chaude; ils sont de plus chargés de nuages qui empêchent le rayonnement terrestre; en été ils sont plus frais, car ils viennent de la mer plus froide, amènent un ciel couvert et empêchent ainsi les rayons solaires d'arriver jusqu'au sol. Ainsi en été c'est le N.-W. qui est le plus frais et le S.-E. le plus chaud, parce qu'il vient des continents échauffés. En hiver, c'est le N.-E. qui est le plus froid et le S.-W. le plus chaud.

La figure ci-dessous fait ressortir ces faits; elle a été construite en portant sur les directions de chaque vent 1^{mm} par degré et réunissant par une courbe les points obtenus.

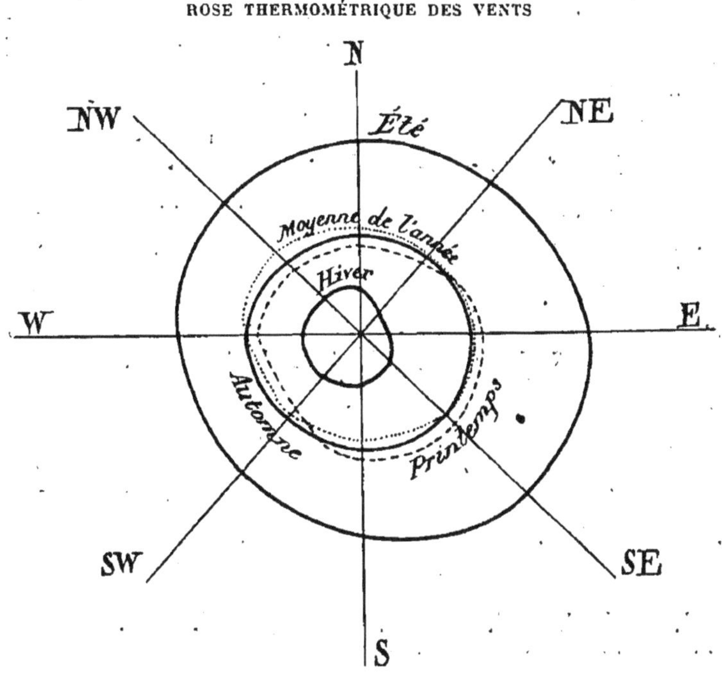

Influence sur la pression.

L'influence des vents sur la pression atmosphérique ressort du tableau suivant :

N.	N.-E.	E.	S.-E.	S.	S.-W.	W.	N.-W.
759.09	759.49	757.24	754.03	753.15	753.52	757.57	757.78

Le baromètre atteint sa plus grande hauteur en hiver par les vents compris entre le N. et l'E., c'est-à-dire les plus froids, et sa plus faible élévation par les vents du S. à l'W., qui sont les plus chauds.

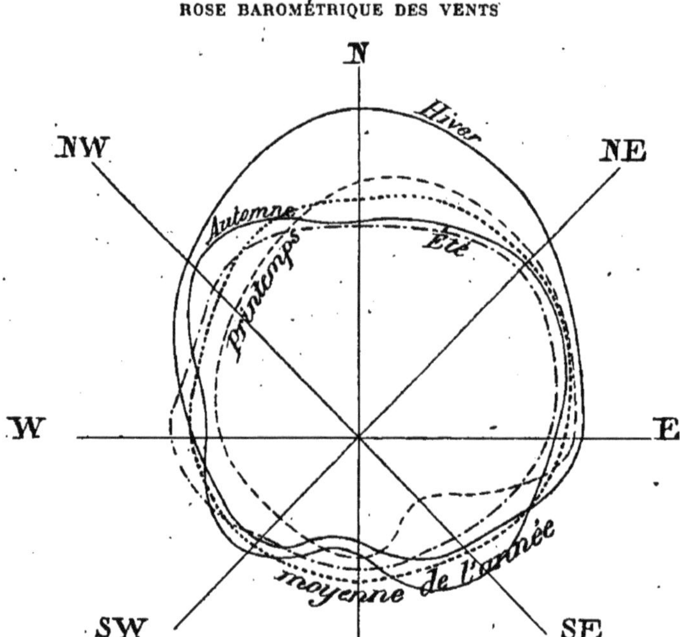

Influence sur l'état hygrométrique.

D'une manière générale les vents qui viennent de la mer apportent de la vapeur d'eau; ceux qui viennent des continents apportent de l'air sec.

La quantité de vapeur est aussi petite que possible pour les vents du N. au N.-E.; elle augmente quand le vent tourne de l'E. au S.-E. et au S., et atteint son maximum entre le S. et le S.-W., pour diminuer de nouveau en passant à l'W et au N.-W. La position du maximum tient à ce que le vent du S. au S.-W., venant à la fois de la mer et de contrées plus chaudes, peut se charger d'une plus grande quantité de vapeur que le vent d'W. qui est plus froid.

Résumé des caractères des vents.

En résumé, si on groupe les principaux résultats on constate que les vents de la région Sud produisent le degré de chaleur le plus élevé, la plus grande quantité de vapeur, la nébulosité la plus considérable, la précipitation la plus fréquente, et la pression la plus faible, tandis que les vents qui viennent de la région Nord amènent avec eux la température la plus basse, la quantité de vapeur minima, le temps le plus clair, la précipitation la moins fréquente et les pressions atmosphériques les plus élevées.

CHAPITRE VI

Condensation de la vapeur d'eau.

Lorsque l'air se refroidit, il absorbe avec moins de facilité la vapeur d'eau et, par conséquent, l'humidité relative augmente.

Le refroidissement continuant, la température descend jusqu'au point de rosée ; puis une partie de la vapeur d'eau passe à l'état liquide ou solide en rendant libre la chaleur qu'elle avait absorbée lors de sa formation. Ce phénomène prend le nom de précipitation, et il se présente sous diverses formes, suivant la manière dont se produit la séparation de la vapeur d'eau.

§ 1er. — Rosée.

Formation de la rosée.

Dès que la température de la surface terrestre devient inférieure à celle du point de rosée de l'air, la vapeur d'eau contenue dans les couches basses de l'atmosphère se sépare de ces dernières et se dépose sur les objets refroidis sous la forme de gouttes d'eau ou rosée.

Les conditions pour que la rosée soit abondante sont : un refroidissement considérable du sol, une grande quantité de vapeur d'eau dans l'air et une atmosphère calme ; le refroidissement étant dû au rayonnement terrestre, il faut avant tout une nuit claire et un sol divisé, qui abandonne facilement sa chaleur, comme l'herbe par exemple. Le rayonnement durant sans interruption depuis le coucher jusqu'au lever du soleil, le refroidissement va toujours en croissant dans cet intervalle et le dépôt de rosée se fait plus abondamment à la fin de la nuit qu'au commencement.

Si le ciel se couvre, le sol cesse de rayonner vers l'espace et de se refroidir, et il n'y a plus de rosée. Si d'autre part le vent s'élève, l'évaporation devient plus active, et la rosée disparaît à mesure qu'elle se forme. Les couches d'air en contact avec le sol acquièrent souvent, par suite du rayonnement, une température très inférieure à celle des couches un peu plus élevées, de sorte qu'il n'est pas rare de voir les feuilles des plantes se couvrir de rosée alors qu'un thermomètre placé un peu plus haut, sur une fenêtre par exemple, n'atteint pas le point de rosée.

La rosée se produit surtout au printemps et en été après les nuits sereines ; cette sérénité même présage une belle journée.

Gelée blanche.

Quand le point de rosée est inférieur à 0°, la vapeur d'eau se sépare de l'air sous une forme solide, c'est-à-dire en cristaux de glace séparés, auxquels on donne le nom de gelée blanche ou givre.

§ 2. — Brouillard.

Formation du brouillard.

La formation du brouillard est la contre-partie de l'évaporation ; c'est le retour de la vapeur d'eau transparente à l'état liquide. Ce phénomène se produit lorsqu'une masse d'air saturée d'humidité subit un abaissement de température, c'est-à-dire lorsque l'évaporation d'un terrain chaud est arrêtée en masse par de l'air froid.

Le brouillard se produit donc lorsque le sol est plus chaud que l'air ; ce sont des conditions précisément inverses de celles de la rosée et elles se rencontrent surtout en automne et en hiver, lorsque l'air froid coule au-dessus d'une surface plus chaude que lui. Mais le brouillard se forme dans la masse de l'air, tandis que la rosée ne se condense que sur les objets refroidis ; il en résulte cette différence que le brouillard mouille tout ce qu'il touche, tandis que la rosée a ses points de dépôt particuliers.

L'air qui repose sur les rivières ou les lieux humides est toujours saturé et il se refroidit moins la nuit que celui du rivage ; lorsque le vent produit un mélange de ces deux masses gazeuses, il y a immédiatement condensation ; c'est pourquoi on voit fumer le matin les rivières, les marais, le sol humide. Lorsqu'un pays est coupé de vallées, l'air froid y tombe et produit un brouillard qui forme pour l'observateur placé sur la plaine élevée une mer blanche parfaitement de niveau.

Le brouillard est formé de vésicules pleines et de vésicules creuses, mais principalement de ces dernières ; leur diamètre est en moyenne de 2/100 de millimètre environ.

Brouillards glacés.

On observe parfois certains brouillards très froids formés d'une sorte de poussière impalpable dont les particules glacées sont si petites qu'il est souvent difficile de les distinguer ; elles sont cependant suffisantes pour arrêter la lumière solaire, dès que le brouillard atteint une certaine épaisseur. Ce phénomène fréquent dans les régions polaires a été appelé *frost rime* (fumée glacée) par le navigateur arctique Scoresby ; il présente cette particularité de déposer du givre en abondance sur tous les objets qui y sont plongés.

Un brouillard de ce genre a régné à Paris en 1882, pendant une partie du mois de janvier, et a pu être observé par de Fonvielle lors d'une ascension faite le 25 janvier. L'aérostat étant au-dessus de la couche de brume naviguait en plein soleil, tandis que l'extrémité du guide-rope, plongée dans le brouillard, se recouvrait d'une houpette de cristaux de glace. Le ballon étant descendu au-dessous de la surface supérieure du banc de brume, une multitude de fines paillettes cristallines se déposèrent sur les agrès, la nacelle, les vêtements des aéronautes; elles croissaient rapidement en arborescences étranges.

On a observé des nuages d'une constitution analogue, pendant les ascensions à grande hauteur; dès que le ballon pénètre dans le nuage, la température tombe de suite au-dessous du point de congélation de l'eau et on voit immédiatement le givre se former sous l'influence de l'ébranlement moléculaire produit dans le nuage glacé.

§ 3. — Nuages.

Constitution des nuages. Formation des nuages.

Il n'y a pas de distinction essentielle entre les nuages et les brouillards. Le nuage est un brouillard qui se laisse emporter par le vent. Lorsque, en pays de montagne, ou en ballon, on traverse les nuages, on constate simplement, comme pour le brouillard terrestre, que l'air est plus ou moins opaque, plus ou moins froid, plus ou moins humide. Les causes de formation sont donc les mêmes et on peut dire, d'une façon générale, que les flocons nuageux apparaissent toutes les fois qu'une masse d'air est amenée au-dessous de sa température de saturation.

Ce phénomène peut se produire lorsqu'une masse d'air

se refroidit pour une cause quelconque, ou bien lorsque deux masses d'air saturées, l'une chaude et l'autre froide, viennent à se mélanger. (On démontre, en effet, en physique, que le mélange de ces deux masses d'air n'est plus capable de contenir la somme de leurs deux doses de vapeur.)

Nuages de refroidissement.

La première cause est la plus fréquente pour la formation des nuages, et elle se produit lorsqu'un courant d'air humide prend un mouvement ascendant. Dans ce mouvement, l'air se refroidit peu à peu par suite de la diminution de la température avec l'altitude. Il arrive donc un moment où cet air ascendant atteint sa température de saturation ; au-dessus de ce point, il faut que sa vapeur se sépare.

Le phénomène est surtout facile à observer en ballon ; on voit d'abord apparaître çà et là de petits flocons blancs très déliés, qui, se soudant les uns aux autres, dans leur mouvement d'élévation, forment des flocons plus gros, puis des mamelons, et enfin des grosses masses arrondies qui ressemblent à des montagnes entassées. En dessous, leur base est plate et horizontale et correspond à la couche dont la température atteint le point de rosée ; l'air qui s'élève au-dessus se trouble et dépose sa vapeur, tandis que l'air qui descend trouve une température de plus en plus élevée et devient plus sec en acquérant une plus grande capacité pour contenir la vapeur d'eau.

Au-dessus de cette base horizontale s'élèvent des croupes qui offrent parfois, lorsque les nuages ainsi formés sont accumulés à l'horizon, l'aspect de sommités couvertes de neige. La surface supérieure de ces nuages, vue en ballon, est bossuée au-dessus des courants ascendants, creusée dans les intervalles, et donne l'aspect d'une série de montagnes et de vallées aux formes les plus étranges.

A mesure que les courants ascendants deviennent plus chauds avec l'élévation du soleil, ces nuages s'élèvent davantage; ils sont plus hauts dans le milieu du jour, qu'ils ne l'étaient le matin, et, le soir, quand les courants ascendants perdent de leur force, ils s'abaissent et se dissolvent en rentrant dans un air plus chaud. Leur élévation au-dessus de nos plaines varie d'ordinaire entre 500 et 3.000 mètres, et leur épaisseur dépasse rarement 400 à 500 mètres.

D'une manière générale, la hauteur des nuages se mesure par une triangulation obtenue à l'aide d'observations simultanées faites de deux stations convenablement choisies.

Leur forme se détermine par la photographie, et M. Teisserenc de Bort a fait, à l'observatoire de Trappes, une étude toute spéciale de cette question.

Cumulus.

Ces nuages de refroidissement qui se forment ainsi dans le cours d'une belle journée, sous l'influence du soleil, s'appellent des cumulus; les marins les désignent encore sous le nom de balles de coton.

Quand ces nuages nous donnent de la pluie, c'est pendant la journée, tandis que, le soir, le ciel redevient serein.

Parfois, cependant, ils ne descendent pas vers le soir, mais se foncent et s'épaississent; c'est qu'il existe alors au-dessus d'eux une autre couche de nuages, et que les régions élevées de l'air sont humides et voisines de la saturation. C'est un indice de pluie ou d'orage.

Stratus.

Lorsque les nuages ne sont plus dessinés et ne forment plus qu'une vaste nappe étendue par bandes horizontales jusqu'à l'horizon, on leur donne le nom de stratus. Ils sont souvent colorés et on les remarque alors soit au lever, soit au coucher du soleil.

Les cumulus correspondent ordinairement au vent chaud du S. ou S.-W; lorsque ce courant humide souffle pendant longtemps, les cumulus deviennent plus nombreux et plus denses, et s'étendent comme des couches qui peuvent couvrir entièrement le ciel.

Cumulo-stratus.

Cette deuxième manière des cumulus caractérise l'hiver comme la première caractérise l'été, et porte plus spécialement le nom de cumulo-stratus.

Indépendamment de ces nuages de jour, il arrive encore pendant la nuit que l'abaissement graduel de la température de l'air condense tout d'un coup la vapeur des régions supérieures, et cela se produit à l'instant où cette température tombe au-dessous du point de rosée.

On voit alors le ciel s'obscurcir instantanément dans toute son étendue ; à la sérénité de la première partie de la nuit succède subitement un voile complet, plus ou moins élevé. En hiver, ce voile couvre le ciel pendant des semaines entières ; s'il se résout en pluie le matin, le soleil brille encore et les cumulus des courants ascendants se forment de nouveau. Les nuages de jour se forment au soleil, tandis que les nuages de nuit s'y dissolvent.

Nimbus.

Lorsqu'un nuage va se résoudre en pluie, il acquiert une plus grande densité et devient plus sombre; il est large, grisâtre et à bords dentelés, déchirés. Un seul de ces nuages recouvre souvent une grande étendue de pays. Les gouttes d'eau qui tombent du nuage forment une traînée oblique qui se dessine en stries grises sur le fond pâle du ciel et sont généralement précédées du nuage que le vent pousse avec rapidité. On donne le nom de nimbus à ce nuage qui se résout en pluie.

Le nuage de giboulée, au contraire, ne s'étend plus en vastes nappes horizontales, mais il forme un ensemble défini, isolé dans le ciel bleu et dont le soleil fait ressortir la blanche surface ; de ce nuage tombent la pluie froide, le grésil, les giboulées de mars.

Les nuages de grêle sont d'un gris cendré caractéristique et répandent au-dessous d'eux une obscurité profonde ; le plan inférieur de cette espèce de nuée est horizontal, et de cette plate-forme s'élèvent des panaches qui rappellent l'idée de grosses boules de laine plus ou moins effilochées.

Nuages de mélange.

Examinons maintenant la seconde cause de formation des nuages : le mélange de deux masses d'air à températures différentes.

Quand un vent chaud règne, si un vent frais vient à nous atteindre, de vastes nuages se forment tout à coup, c'est l'effet de la pénétration du courant froid dans le courant chaud ; ils constituent des bancs étendus, épais, persistants, commençant, comme le vent froid, par les basses régions de l'air, et ont, par conséquent, une faible élévation.

Le vent du nord les entraîne sans cesse, mais il s'en forme de nouveau, jusqu'à ce que les courants froids et secs soient bien établis ; à ce moment les nuages se déchirent, selon l'expression vulgaire, et le ciel redevient serein.

Cirrus.

Au contraire, si c'est un vent chaud qui pénètre dans un air froid, la condensation commence par le haut; on voit apparaître sur le ciel bleu des filaments blanchâtres, ténus, ressemblant à des barbes de plume ou à de la laine cardée, orientés en longues traînées minces, qui indiquent la direction du vent supérieur. Ces nuages sont des cirrus, que les marins désignent sous le nom de queue de chat; ce sont les plus élevés de tous les nuages, et leur hauteur moyenne est de 7.000 à 8.000 mètres. (A 9.000 mètres, Glaisher les a vus dominant toujours son ballon.)

À cette altitude, la température de l'air est inférieure à 0°, et les cirrus sont, par conséquent, formés de fines aiguilles de glace, ainsi qu'on a pu le constater par lês phénomènes de réflexion et de réfraction qui s'y produisent.

Ils forment les lignes de séparation visibles de deux courants, et leur apparition est ordinairement un présage de changement de temps. Les cirrus ne donnent pas de pluie par eux-mêmes; mais, d'ordinaire, ils finissent par s'épaissir; ce sont eux, ou plutôt c'est l'humidité qui les accompagne, qui empêchent les cumulus inférieurs de se dissoudre le soir.

Cirro-stratus.

Lorsque les cirrus s'entre-croisent et deviennent plus denses, ils se présentent sous forme de longs rubans blancs parallèles, fixés, non pas à l'horizon, comme les stratus, mais à travers tout le ciel, en passant non loin du zénith; on les appelle alors cirro-stratus, et ordinairement cette modification annonce la pluie; certains météorologistes désignent encore cette sorte de nuages sous le nom de bandes polaires, et leur assignent une relation avec les aurores boréales. Ce sont eux qui donnent naissance à divers phénomènes d'optique, tels que les couronnes ou halos, autour du soleil et de la lune, et l'on peut en déduire qu'ils sont, comme les cirrus, formés de cristaux de glace.

Cirro-cumulus.

Parfois aussi, ils se transforment en légers nuages, petits, de forme arrondie, et disposés ordinairement en files régulières. Ce sont les cirro-cumulus, qui constituent le ciel pommelé ou moutonné, et ils sont si transparents qu'on peut distinguer au travers les étoiles et les taches de la lune. Ce sont ces nuages teintés de rouge qui accompagnent souvent le soleil couchant et qui, placés sur la mer, au delà des côtes normandes, donnent à Paris de si beaux couchers du soleil. Leur hauteur moyenne est de 3.000 à 4.000 mètres.

Vitesse des nuages.

Les nuages, immergés et relativement immobiles dans le courant au sein duquel ils flottent, sont ordinairement entraînés par le vent et leur vitesse est exactement celle des couches d'air supérieures. Il y a cependant des exemples de nuages qui ne marchent pas, lors même qu'un vent plus ou moins fort les traverse et semblerait devoir les entraîner.

Flammarion en cite le curieux exemple que voici : « Un jour que je passais en ballon au-dessus de la forêt de Villers-Cotterets, j'ai été fort surpris de voir pendant plus de vingt minutes un petit nuage qui pouvait avoir 200 mètres de long sur 150 de large, et qui était suspendu immobile à 80 mètres environ au-dessus des arbres. En approchant, nous en vîmes bientôt cinq ou six plus petits, disséminés et également immobiles ; cependant, l'air marchait à la vitesse de 8 mètres par seconde. En arrivant au-dessus, nous reconnûmes que le principal était suspendu au-dessus d'une pièce d'eau, et que les autres marquaient le cours d'un ruisseau. C'était un courant ascendant d'air humide qui s'élevait de là, et dont l'humidité invisible atteignait son point de saturation et devenait visible en traversant le vent frais qui soufflait au-dessus du bois. »

Les cimes des hautes montagnes sont aussi très fréquemment couvertes de nuages immobiles, parce que leurs pentes forcent l'air à s'élever, de sorte que la vapeur d'eau qu'il contient s'en sépare et se dépose au sommet des monts sous forme de nuées. Le vent pousse celles-ci au delà des cimes, mais lorsque le courant d'air descend de l'autre côté de la montagne, il atteint des couches plus chaudes qui vaporisent à nouveau les molécules d'eau; de sorte que les nuages nous paraissent posés sur les sommets, car c'est seulement là où le courant d'air atteint son point culminant que les nuages deviennent visibles.

Ce phénomène s'observe surtout lorsque l'humidité de l'air augmente et on dit alors que la montagne *fume sa pipe,* ou *met son chapeau;* c'est signe de pluie.

Épaisseur des nuages.

L'épaisseur des nuages varie depuis quelques mètres jusqu'à plusieurs kilomètres. Dans une ascension faite en juillet 1894, nous avons observé près d'Avallon un énorme cumulus dans lequel le ballon est monté de la cote 1.000 à la cote 2.800, sans qu'à cette hauteur le soleil fût encore visible.

Barral et Bixio ont rencontré dans leur ascension du 27 juillet 1850 une couche de nuages qu'ils ont traversée sur plus de 5.000 mètres d'épaisseur sans parvenir à la dominer.

Suspension des nuages.

Bien que l'eau soit plus pesante que l'air, les nuages se soutiennent dans l'atmosphère ; cela tient à plusieurs causes.

Pendant le jour, les vésicules de 2/100 de millimètre de diamètre qui forment les nuages sont soutenues par les nombreux courants ascendants qui traversent l'atmosphère, de même que les poussières légères sont enlevées par les vents.

On a enregistré à la Tour Eiffel ces mouvements verticaux de l'atmosphère et on a trouvé des vitesses atteignant 11 kilomètres à l'heure (courant ascendant du 24 novembre 1891). Ces courants sont parfois assez puissants pour vaincre la surcharge d'un aérostat et provoquer son ascension. Ainsi, en août 1894, notre ballon naviguant au guide-rope, dans la Côte-d'Or, nous fûmes rejoints par un épais nuage très foncé sous lequel un courant ascendant produisit, en seize minutes, l'ascension de l'aérostat à la hauteur de 2.400 mètres, bien que la zone d'équilibre précédente fût à la cote 1.300 mètres seulement.

La chaleur du soleil absorbée par le nuage aide de plus à sa suspension, en transformant en aérostats les petites sphères creuses, remplies d'air humide.

Le mouvement horizontal de l'air a aussi pour effet de diminuer notablement la vitesse de chute des nuages.

Enfin, d'après certains météorologistes, l'immobilité que présentent les nuages sur la verticale n'est qu'apparente et le plus souvent ils tombent lentement. Mais alors ils se dissolvent par leur surface inférieure à mesure qu'ils pénètrent dans un air plus chaud, tandis que leur partie supérieure s'accroît sans cesse par l'addition de nouvelles vapeurs qui se condensent.

Le nuage subit ainsi une continuelle transformation et change constamment d'épaisseur et de forme.

Ajoutons en dernier lieu que la suspension des nuages peut encore être attribuée à leur électricité qui les repousse loin du sol.

§ IV. — **Pluie.**

La pluie est la précipitation de la vapeur d'eau des nuages ; cela se produit, lorsque la condensation s'effectue très rapidement, de manière à former des gouttes assez lourdes pour tomber à travers l'atmosphère, ou bien encore lorsque le nuage cesse d'être soutenu, et qu'il se résout en gouttes fines, dont le diamètre s'accroît pendant la chute. Parfois, ces gouttes très petites se dissolvent dans l'air plus chaud des couches inférieures et n'atteignent pas le sol.

Le volume des gouttes de pluie est, le plus souvent, fonction de la hauteur des nuages ; les nuages bas donnent généralement lieu à une pluie très fine, le *crachin* des côtes bretonnes est produit ordinairement par des nuages qui touchent presque le sommet des édifices. La vitesse de chute des gouttes de pluie dans le voisinage du sol a été mesurée par le commandant Rozet, qui a trouvé comme valeur moyenne 11 mètres par seconde.

Causes de la pluie.

Des nuages placés sur une seule couche peuvent donner de la pluie s'ils sont subitement refroidis, mais la condition ordinaire de la production de la pluie consiste dans l'existence de deux couches de nuages superposées et c'est celle du haut qui détermine la précipitation de celle du bas.

Monck Mason, dans ses excursions aéronautiques, a remarqué que lorsqu'un ciel complètement couvert de nuages donne de la pluie, il y a toujours une rangée semblable de nuages située au-dessus, à une certaine hauteur, et, qu'au contraire, quand il ne pleut pas, quoique le ciel présente inférieurement la même apparence, l'espace situé immédiatement au-dessus offre, comme caractère dominant, une grande étendue de ciel clair, et jouissant d'un soleil qui n'est masqué par aucun nuage.

Saussure avait déjà remarqué le même fait lors de ses voyages dans les Alpes.

D'après Plumandon, les phases successives de la formation de la pluie sont les suivantes, pour un observateur placé en ballon et procédant de haut en bas :

1º On se trouve dans un brouillard plus ou moins épais, l'hygromètre approche de 100 et l'air est à peu près saturé, mais les objets intérieurs ne sont cependant pas mouillés;

2º Les objets enveloppés par le nuage se mouillent rapidement, mais on ne peut encore observer la chute d'aucune gouttelette liquide;

3º On remarque, au sein du brouillard, la chute de gouttelettes excessivement ténues; on dit qu'il bruine;

4º La pluie tombe et on est encore dans le brouillard;

5º La pluie tombe et il n'y a plus de brouillard; on est donc au-dessous du nuage.

Mesure de la pluie.

Le pluviomètre ou udomètre permet de mesurer l'épaisseur de la couche d'eau que la pluie aurait formée à la surface du sol, si elle n'avait pu s'écouler d'aucun côté.

Cet instrument consiste essentiellement en un entonnoir recevant l'eau de pluie, et un réservoir permettant de la mesurer; parfois, ce réservoir est muni d'un compteur automatique.

Régime annuel des pluies.

L'air étant échauffé en été, est susceptible d'entraîner une plus grande quantité de vapeurs ; en hiver, au contraire, il est plus froid et transporte une dose moindre de vapeurs.

Il en résulte qu'en automne, époque où la température décroît, l'air laisse retomber l'excès de vapeur dissoute pendant l'été ; ce sera le moment principal des pluies. Au printemps, au contraire, époque où la température monte graduellement, l'air demeure capable de recevoir une humidité toujours croissante, et il enlève alors des masses considérables d'eau qu'il laisse retomber soit pendant les averses orageuses de l'été, soit lors des pluies abondantes automnales. Le printemps est la saison des jours sereins, comme l'automne est celle des jours sombres.

Répartition des pluies. — Quantité de pluie annuelle.

L'épaisseur de pluie annuelle varie beaucoup avec les localités ; deux endroits très voisins accusent souvent des différences très notables, dues à la situation topographique, au mode de culture, à l'influence des terrains boisés ou non boisés, etc. On a pu néanmoins poser les quelques lois générales suivantes :

La hauteur d'eau annuelle diminue de l'équateur aux pôles, et c'est la région des tropiques qui en reçoit le plus ; cela tient à ce que l'évaporation se fait presque tout entière sous les chaudes latitudes, et, d'autre part, à ce que la quantité de vapeur contenue dans l'air augmente avec la température. Dans les régions polaires on recueille rarement plus de 250^{mm} d'eau par an, tandis que sous l'équateur certains points en fournissent jusqu'à 5 et 6 mètres.

Une seconde loi montre que la couche d'eau pluviale est plus grande au bord de la mer qu'à l'intérieur des terres.

Il est facile de comprendre, en effet, que les nuages ne pouvant plus se reformer dans l'intérieur des continents, deviennent d'autant plus rares et donnent d'autant moins de pluie qu'on est plus éloigné des côtes de l'Océan.

RÉPARTITION DES PLUIES SUIVANT LA LATITUDE.

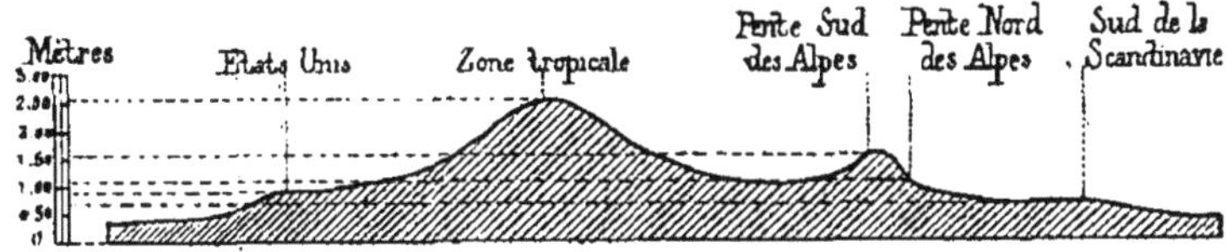

L'évaporation produite sur les fleuves, les lacs, les mares, les plaines humides, donne bien naissance à des nuages, mais ce n'est là qu'une source insignifiante de pluie comparée à celle de l'Océan.

Ainsi, il tombe annuellement 1.30 d'eau à Nantes, 0.51 à Paris, 0.45 à Vienne et 0.20 seulement en Sibérie.

De même, il tombe 0.20 à Alger, 0.10 à Oran et Mostaganem et 0.005 seulement à Biskra.

RÉPARTITION DES PLUIES SELON L'ÉLOIGNEMENT DE L'OCÉAN.

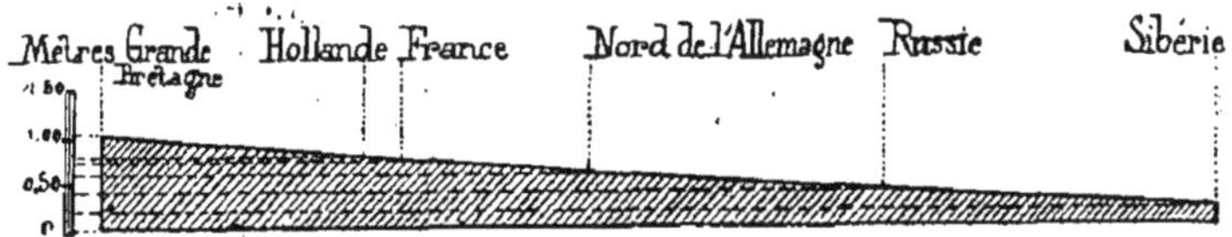

Enfin, le relief du sol exerce une influence considérable sur la distribution des pluies ; les vents humides, se heurtant à la pente des montagnes, sont forcés de s'élever, et se refroidissent ainsi en se dépouillant d'une partie de leur vapeur d'eau ; de l'autre côté des monts, ces vents redescendent, mais ils sont moins humides qu'auparavant. De sorte que généralement il tombe plus d'eau sur les pays hérissés de montagnes que sur les pays plats (1); et, d'autre part, le versant qui fait face à la mer reçoit des

---

(1) Dans nos plaines du Nord, la hauteur de pluie annuelle est voisine de 0,50, tandis qu'elle dépasse souvent deux mètres dans les stations élevées de nos départements montagneux.

pluies copieuses, tandis que le versant opposé se distingue par sa sécheresse.

Sur le versant occidental des Cévennes, il est tombé en un seul jour avec le vent S.-W. jusqu'à 0.80 d'eau (Reclus), tandis que ce même vent d'ouest, après les avoir traversées, arrive en Provence comme un vent très sec (le mistral).

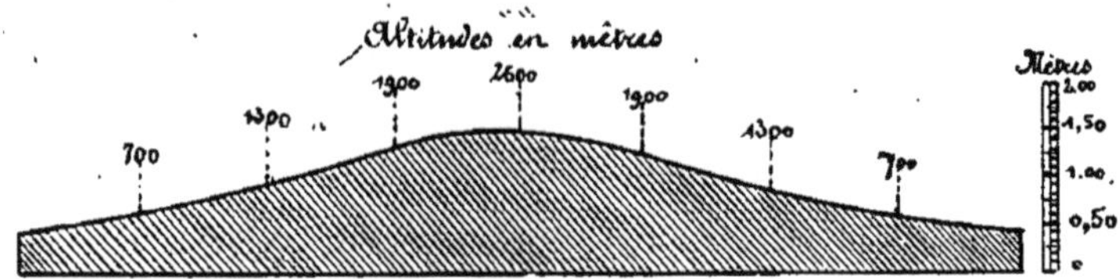

La hauteur d'eau annuelle est de 1 mètre sur le plateau de Langres, et 1^m,80 dans le Morvan (observatoire des Settons); à Genève, au pied des Alpes, elle est de 0,83, tandis qu'elle s'élève à 2 mètres au col du grand Saint-Bernard.

A l'observatoire de Paris, il tombe annuellement 51^{cm} d'eau. Pour toute la France, la mesure annuelle moyenne est de 0^m.68. La répartition mensuelle est la suivante :

Mois.	Hauteur en ^{mm}.	Nombre de jours où il a plu.
Janvier...............	35	20
Février............	30	19
Mars..........	33	16
Avril.........	38	16
Mai..........	49	15
Juin..........	51	18
Juillet..........	51	18
Août..........	48	17
Septembre.......	50	15
Octobre........	46	18
Novembre.......	44	21
Décembre.......	37	21
Moyenne annuelle..	512	211

Un fort maximum se manifeste par les pluies d'orage de la saison chaude, puis en automne; le minimum est très prononcé en février et mars. En hiver, il y a plus de jours couverts et pluvieux qu'en été, mais chaque pluie donne moins d'eau.

Enfin, si on examine les valeurs moyennes des quantités de pluie aux différentes heures de la journée, on constate qu'il tombe une bien plus grande quantité d'eau durant l'après-midi que pendant la matinée; le maximum se produit entre 3 et 6 heures du soir.

VALEUR MOYENNE DES QUANTITÉS DE PLUIE AUX DIFFÉRENTES HEURES
DE LA JOURNÉE.

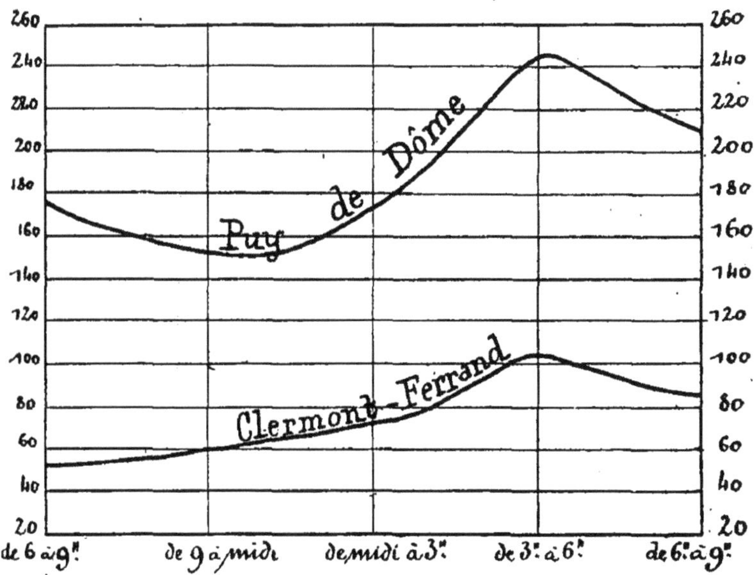

Intensité des pluies.

Le maximum de la pluie, dans la région de Paris, en vingt-quatre heures, est de 103ᵐᵐ (pluie du 25 au 26 juillet 1847); pour toute la France, ce maximum est de 249ᵐᵐ (pluie du 31 juillet 1875 dans l'Ardèche).

Dans les pays tropicaux, ces chiffres sont bien plus considérables ; il est vrai que les pluies ne sont réparties que sur un intervalle de cinq à six mois ; à Purneah, dans l'Inde, il est tombé jusqu'à $0^m,89$ d'eau en vingt-quatre heures.

Relativement à l'intensité des averses, les plus violentes peuvent fournir 500 litres d'eau par seconde et par hectare. On comprend quels dégâts considérables pourrait causer une chute de cette importance, si elle se prolongeait au delà de sept à huit minutes, temps maximum de leur durée constatée jusqu'à présent, et quel volume d'eau énorme elle déverserait sur le sol, si elle couvrait une grande étendue ; fort heureusement, ces pluies, véritables cataclysmes, sont essentiellement locales et ne tombent le plus souvent que sur un espace restreint.

Pluies de poussière et pluies de boue.

Il convient de citer, à propos des pluies, les curieux phénomènes observés sous le nom de pluies de sang, pluies de soufre, pluies de boue, etc. Ce sont des pluies formées de gouttes d'eau colorées soit par des matières terreuses qui ont été aspirées et enlevées par le vent sur des terrains secs ou sablonneux, soit par des résidus organiques (pollen, poussières végétales, etc.) soulevés dans l'atmosphère, soit par des matières carbonisées provenant d'incendies ou de fumées d'usines.

Toutes ces matières, transportées parfois à de très grandes distances, sont entraînées par les gouttes de pluie et retombent avec elles sur le sol.

Les cyclones qui sévissent sur l'Afrique et qui soulèvent les sables du Sahara produisent le plus souvent ces pluies colorées dans le sud de l'Europe et donnent parfois naissance à des pluies rouges contenant une poussière analogue au tripoli.

On a même quelquefois observé des pluies de manne, sorte de matière farineuse et comestible provenant de certains lichens très répandus dans diverses contrées de l'Afrique.

§ V. — Neige.

La neige se forme lorsque les nuages se condensent à une température plus basse que zéro ; sur les points du globe où la température est inférieure à 0°, la précipitation couvre le sol de neige ; sur mer, dans les régions tropicales et dans certaines parties des zones tempérées, cette neige fond dans son parcours à travers l'atmosphère et arrive à nous sous forme de pluie.

Limite des neiges éternelles.

La limite inférieure à partir de laquelle les neiges persistent est appelée limite des neiges éternelles ; elle correspond à l'altitude où la moitié la plus chaude de l'année (d'avril à octobre pour nos régions) a une température moyenne égale à celle de la glace fondante, et dépend de causes multiples, parmi lesquelles figurent la température, l'état hygrométrique, la forme et l'orientation de la montagne, la direction des vents régnants, etc... Elle est de 2.800^m pour les Pyrénées et de 2.700^m pour les Alpes.

Formation de la neige.

La neige se forme surtout par les temps de gelées faibles ; ses flocons sont alors gros et lourds. Par les grands froids, la neige devient plus rare ; ses flocons, plus petits et plus légers, se présentent sous forme de grains fins, presque en poussière.

Il est extrêmement rare de voir tomber de la neige quand le thermomètre atteint — 15°, car la dose de vapeur que l'air peut contenir à cette température est trop faible pour alimenter de gros nuages.

La formation de la neige a pu être observée dans les circonstances suivantes :

Le 8 novembre 1868, Tissandier partit de l'usine de la Villette à 11 heures du matin, au moment où des flocons de neige tombaient très abondamment. A 2.000 mètres d'altitude, il aperçut autour de lui de très petits cristaux qui s'aggloméraient en tombant et qui paraissaient se souder entre eux à des niveaux inférieurs pour donner naissance à des flocons volumineux.

Dans une autre ascension, le 29 novembre 1875, à 1.500 mètres, nous avons plané, dit-il, au milieu d'un véritable banc de cristaux de glace suspendus dans l'atmosphère, sur une épaisseur de 150 mètres. Les cristaux qui voltigaient autour de nous étaient transparents, très nettement formés d'étoiles hexagonales variées de 4 millimètres de diamètre et du plus remarquable aspect. En tombant, ils augmentaient de volume, de sorte qu'à la surface du sol ils étaient beaucoup plus gros, mais moins réguliers, et comme recouverts d'un givre opaque qui leur donnait l'aspect d'un sel effleuri.

Dans son ascension du 26 juin 1863, M. Glaisher rencontra, à 4.500 mètres, un immense nuage de neige qui s'étendait sur une hauteur de 1.800 mètres; cette neige était composée de petits cristaux parfaitement visibles, dont les pointes étaient écartées les unes des autres de 60° ou 90°, formant ainsi deux systèmes de cristallisation. Quand cette neige cessa de tomber, les aéronautes n'étaient plus qu'à 3.000 mètres du sol, dans un brouillard épais, dont ils ne purent sortir qu'en touchant terre.

§ VI. — Grêle.

Formation de la grêle.

La formation de la grêle est encore assez obscure; il est probable que lorsque de forts courants ascendants poussent rapidement de l'air très chargé de vapeur à des hauteurs considérables, les globules d'eau condensée sont gelés au moment même où ils se forment et tombent alors sur la terre sous forme de grêle.

Nuages à grêle.

Les nuages à grêle sont, le plus souvent, des nuages orageux; ils semblent avoir beaucoup de profondeur et se distinguent des autres nuages par une certaine nuance cendrée; leur surface présente çà et là d'immenses protubérances irrégulières. Ces nuages paraissent être ordinairement à 1.500 ou 2.000 mètres; néanmoins, le phénomène de la grêle se produit à toutes les hauteurs. Saussure vit des chutes de grêle sur le col du Géant à 3.428 mètres; Balmat en reçut au sommet même du Mont-Blanc. Mais dans le cas où la grêle se produit à telles élévations, les grêlons fondent en traversant les milliers de mètres d'air au-dessus de 0° qui les séparent de la surface du globe et nous arrivent sous forme de pluie.

Les nuages à grêle n'occupent jamais une large étendue; transportés par le vent, ils versent la grêle sur une bande de terre étroite dont la largeur n'est souvent que de 1 kilomètre et dépasse très rarement 15 kilomètres, et dont la longueur atteint parfois plusieurs centaines de kilomètres. La grêle tombe pendant très peu de temps, un quart d'heure au plus; quelques instants avant que le nuage crève, on entend un bruit particulier dû, sans doute, au choc de ces petits glaçons les uns contre les autres et comparable à celui que feraient des sacs de noix vivement entre-choqués; c'est un fait que l'on a fréquemment observé dans les montagnes et quelquefois aussi dans les ascensions en ballon.

Fréquence de la grêle.

La grêle tombe principalement en été et dans l'après-midi, c'est à-dire lorsqu'il y a une grande chaleur à la surface du sol, par conséquent de puissants courants ascendants, et une diminution rapide de température avec la hauteur.

Cependant, comme le conflit d'un vent supérieur très froid avec un vent chaud à la même altitude peut produire la formation de la grêle, elle tombe parfois en hiver et même pendant la nuit, mais ce sont là des exceptions.

Dimensions et quantité des grêlons.

On a vu des grêlons de la grosseur du poing et pesant jusqu'à 300 grammes, et la quantité de grêle a parfois formé des couches de plusieurs décimètres d'épaisseur (chute de grêle au Catelet en 1865.)

CHAPITRE VII

L'ÉLECTRICITÉ DANS L'ATMOSPHÈRE

§ 1. — Electricité de l'air.

Nature de l'électricité atmosphérique.

Les recherches faites sur l'existence de l'électricité
naturelle ont montré que dans l'état normal, la surface
terrestre est chargée. d'électricité négative, tandis que
l'atmosphère est occupée par l'électricité positive ; la tension de celle-ci augmente avec l'altitude et, au niveau de
la Tour Eiffel, atteint déjà des valeurs énormes (40.000 à
45.000 volts). En temps serein, les nuages sont généralement chargés d'électricité positive comme l'atmosphère et
cette électricité se rassemble à leur surface.

En temps orageux, les nuages sont chargés les uns posi-
tivement, les autres négativement.

L'électricité de ces derniers provient, soit du contact avec
la surface terrestre, soit de l'influence des nuages positifs ;
ces nuages négatifs sont le plus souvent les moins élevés.

L'origine de l'électricité atmosphérique est liée, sans
doute, à l'évaporation, aux phénomènes chimiques qui se
produisent à la surface de la terre et aux irrégularités de
température de l'atmosphère, mais on ne sait rien de précis à ce sujet. MM. Becquerel et Faye admettent que l'électricité nous vient du soleil, comme la chaleur, à travers les
espaces interplanétaires.

Variations de l'électricité atmosphérique.

L'électricité atmosphérique subit des variations régulières, comme la pression et la température, et des variations
accidentelles, beaucoup plus considérables que les variations régulières et qui donnent naissance aux perturbations
connues sous le nom d'orages.

Variations diurnes.

Dans la période diurne, il existe deux maxima qui suivent de deux à trois heures, l'un le lever et l'autre le coucher
du soleil; deux minima le précèdent, le premier la nuit,
vers l'heure de la plus basse température, le second le jour,
à l'heure de la plus haute température.

Variations annuelles.

La courbe des variations annuelles a une marche inverse
de celle des températures de l'air; le maximum se présente
en janvier et le minimum en juin et juillet; pendant ces
deux mois, la quantité d'électricité reste à peu près la
même, quel que soit l'état du ciel; mais à partir de juin,
et jusqu'en janvier, il y a plus d'électricité par un ciel
serein que par un ciel couvert, et la différence s'accentue
jusqu'en janvier, où elle est la plus grande de toute l'année.

§ 2. — Orages.

Origine des orages.

On dit qu'il y a un orage lorsque l'électricité positive des
nuages, au lieu de s'écouler et de se répartir sans phénomènes extérieurs, se condense en certains points, sature
en quelque sorte les nuées et finit par éclater brusquement
pour se réunir à l'électricité négative accumulée en même
temps soit sur le sol, soit sur d'autres nuages.

La majeure partie des orages proviennent des dépressions, qui nous arrivent, toutes formées, de l'Atlantique. Les nuages orageux sont généralement à une hauteur supérieure à 1.000 mètres et marchent du S.-W. au N.-E., sans paraître dérangés par le relief du sol. Ils passent toutefois par de brusques péripéties de calme relatif et d'exaspération au-dessus des régions différant les unes des autres par les accidents du sol, la nature des terrains, la végétation et le climat.

D'autres orages, qu'on pourrait appeler orages locaux ou orages de chaleur, se forment au milieu des continents, et sont portés par des nuages souvent très près du sol, si bien qu'ils subissent son influence, ne passent qu'à grand'peine par-dessus les montagnes, et suivent le plus souvent le cours des vallées. On remarque même des orages stationnaires qui se forment et s'épuisent sur place. (Orage du 17 juillet 1885, observé dans les Alpes par M. Colladon.)

La durée d'un orage (éclairs, tonnerre et pluie) dépasse rarement 30 à 40 minutes dans nos régions tempérées.

Phénomènes qui annoncent l'arrivée de l'orage.

La formation des orages est précédée d'une baisse lente et continue du baromètre; l'air est calme et très chargé de vapeur d'eau, la chaleur étouffante, et on ressent une oppression considérable due au manque d'évaporation à la surface du corps, et sans doute aussi aux variations de l'état électrique du sol et de l'atmosphère.

Une température élevée au moment d'une dépression est la circonstance la plus favorable pour la formation des orages; une température élevée sans dépression, une forte dépression avec basse température n'amènent pas d'orages.

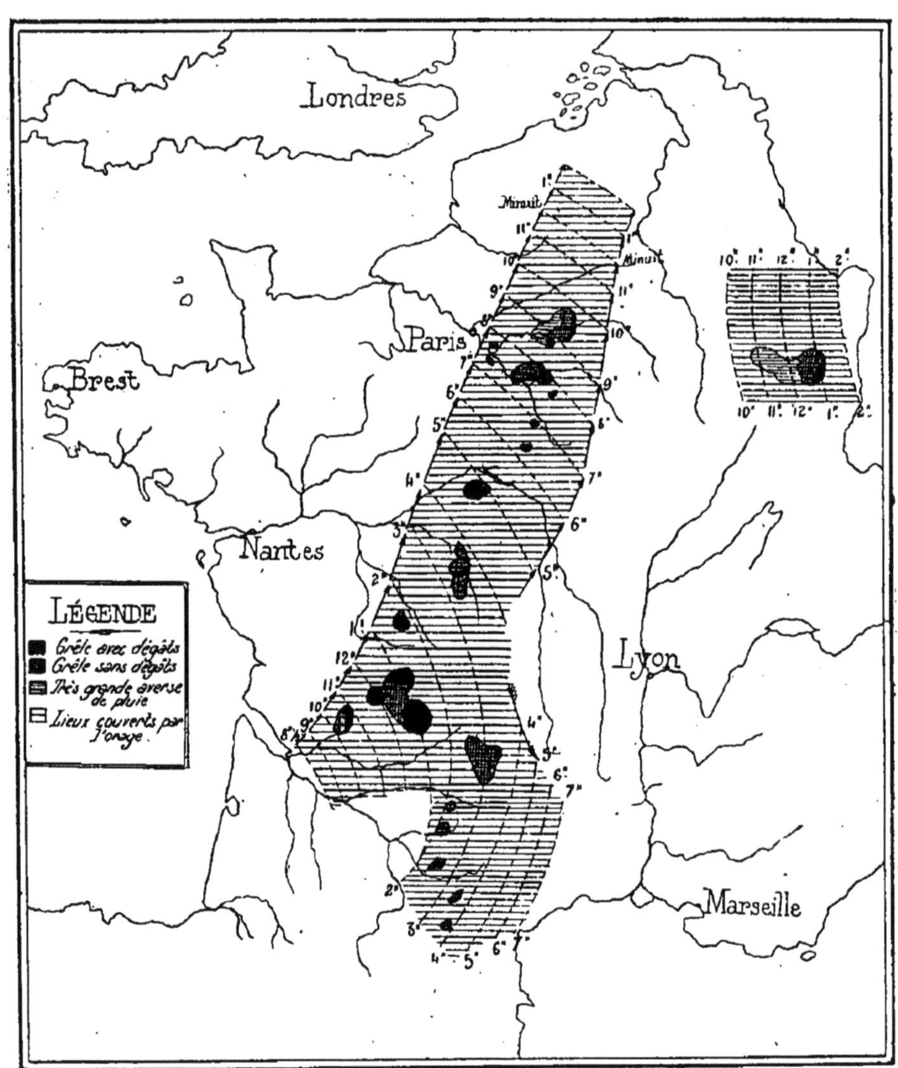

TRANSLATION DE L'ORAGE DU **9** MAI **1865**.

Éclair.

L'éclair est la clarté qui accompagne la décharge électrique. On distingue : les éclairs diffus, qui consistent en
une vive clarté illuminant une grande partie de la surface
des nuages ; les éclairs en zigzag, semblables aux étincelles
que produit une machine électrique, et les éclairs sphéri-
ques ou globes de feu, très rares du reste, se présentant
sous forme d'une boule lumineuse qui finit par éclater avec
un bruit épouvantable.

Les éclairs de chaleur ont pour cause la réflexion sur les
nuages élevés, d'éclairs qui se produisent au loin, dans les
nuages situés au-dessous de l'horizon.

La durée de l'éclair n'est que de quelques millièmes de
seconde, et sa longueur dépasse plusieurs kilomètres.

Arago en a mesuré qui atteignaient 12 à 16 kilomètres.

Tonnerre.

Le tonnerre est le bruit qui, dans la plupart des cas,
accompagne l'éclair ; la cause qui le produit est la dilatation subite et considérable qu'éprouve l'air par suite de la
chaleur dégagée par l'étincelle électrique, laquelle est suivie aussitôt d'une affluence d'air, dans le lieu de la raréfaction.

Lorsqu'on se trouve au point où la foudre aboutit, ce
bruit ressemble à un coup de canon ou de-pistolet, mais il
est suivi de roulements prolongés dont la durée atteint plusieurs secondes, et quelquefois même une minute entière.

Ce fracas provient d'une répercussion du son produite
sur les nuages eux-mêmes et sur les montagnes ; il provient
aussi de l'énorme différence qui existe entre la vitesse de la
lumière et celle du son ; le bruit des masses d'air qui s'en-
tre-choquent sur toute la longueur de l'éclair arrive peu à
peu à l'oreille de l'observateur, de sorte que celui-ci le
perçoit comme une série de coups successifs.

Distance de l'observateur au nuage orageux.

La distance de l'observateur au nuage orageux peut se calculer d'après la vitesse du son (340^m) pour chaque seconde écoulée entre l'instant où on perçoit l'éclair et celui où on entend le tonnerre ; mais il faut remarquer que l'on n'obtient ainsi que la distance du point le plus rapproché de l'observateur. M. Hirn cite l'exemple de l'orage du 27 juin 1866, où il a entendu le coup succéder immédiatement à l'éclair, bien que ce même éclair eût foudroyé deux voyageurs placés sous un arbre à 5 kilomètres de distance.

La distance maximum à laquelle peut parvenir le bruit du tonnerre est d'environ 25 kilomètres ; le bruit du canon s'entend à de bien plus grandes distances, et cela tient à ce qu'il se propage dans des couches d'air plus basses et plus denses.

Phénomènes qui accompagnent l'orage.

Les orages sont généralement accompagnés de pluie qui tombe avec une grande violence et sous forme de gouttes très volumineuses ; l'éclair est ordinairement suivi d'un redoublement de pluie, par suite du mélange des deux masses d'air situées dans des conditions différentes d'électricité, de température et d'humidité.

Un orage est rarement accompagné de neige ; la grêle, au contraire, est son compagnon ordinaire.

Fréquence diurne des orages.

Les orages locaux se produisent plutôt le jour que la nuit et beaucoup plus souvent l'après-midi que dans la matinée ; l'heure où ils éclatent le plus fréquemment est celle qui coïncide avec l'instant du maximum thermométrique et du minimum barométrique diurne, c'est-à-dire entre 2 et 4 heures du soir.

Quant aux orages dont la marche est liée à celle des dépressions atmosphériques, ils se produisent à toute heure et même pendant la nuit.

Fréquence annuelle des orages.

L'été est la saison principale des orages, et leur fréquence présente un maximum vers la fin de juin ou le commencement de juillet, suivant les régions.

Le nombre d'orages qui éclatent en hiver est très restreint et leur intensité est beaucoup moindre que pour les orages d'été.

Répartition géographique des orages.

Le nombre et l'intensité des orages diminuent en allant de l'équateur aux pôles; dans la région des calmes équatoriaux il y a un orage presque tous les jours. La moyenne annuelle du nombre des jours d'orage est de 15 à Toulon, 12 à Paris, 9 à Londres et à Saint-Pétersbourg, et 0 ou à peu près au Spitzberg.

Les orages, de même que les simples pluies, éclatent plus fréquemment que partout ailleurs dans les gorges élevées des montagnes tournées vers la mer. La configuration accidentée du sol donne lieu à la formation d'orages locaux, tandis que les pays plats ne sont le plus souvent parcourus que par les orages dépendant de dépressions atmosphériques.

Les orages s'étendent souvent à une partie considérable de la France et quelquefois même la traversent dans toute son étendue, sur une ligne plus ou moins large. Nous citerons en particulier l'orage remarquable du 9 mai 1865; il accompagnait une forte bourrasque qui traversa la France de l'W.-S.-W. au N.-N.-E.

« L'orage commence à 8 heures du matin à Bordeaux et se dirige au N.-N.-E., passe sur Périgueux à 10 heures, à

12 heures sur Limoges, sur Bourges à 2 heures, arrive à
Orléans à 5 h. 1/2, à Paris à 7 h. 45, à Laon à 11 heures et
tombe après minuit en Belgique et dans la mer du Nord ;
le centre de la dépression atteignit la pointe orientale de
l'Angleterre le 9 au matin.

» Sa largeur moyenne était de 15 à 20 lieues. La grêle n'est
tombée que par places ; à gauche de Périgueux, sur l'arron-
dissement de Limoges, à droite de Châteauroux, au S.-E.
de Paris, de Corbeil, à Lagny et dans les arrondissements
de Saint-Ouen et de Saint-Quentin. Sur ce dernier point elle
a été formidable ; la masse de cristaux tombés du ciel sur
les prairies du Catelet formait un lit de 2 kilomètres de
long sur 600 mètres de large, évalué dans son ensemble à
600.000 mètres cubes. Quatre jours après, les grêlons
n'avaient pas encore disparu. »

Effets des orages sur les aérostats.

Les ballons libres ont peu à craindre des orages, et il n'y
a guère d'exemples de ballons qui aient été foudroyés
pendant leur séjour dans la haute atmosphère ; ils peuvent
en général rester sans inconvénients dans les nuages orageux et cette immunité tient sans doute à la nature peu
conductrice de l'étoffe qui permet à l'aérostat de traverser
sans encombre les couches d'air le plus diversement élec-
trisées.

« En 1871, le 4 juillet, dit M. Coé, je fis une ascension à
Oswego ; mon aide m'accompagna. Quoique le ciel fût
extrêmement noir au sud et à l'ouest, nous commençons à
monter juste au moment où le premier coup de vent atteint
le parc, rempli de monde, d'où nous partions ; le tourbillon
nous saisit comme un jouet, et en cinq minutes nous
sommes dans des nuages de neige. Au moment où nous
y entrons, nous voyons briller un faible éclair ; ce fut le
seul, quoique le tonnerre fût presque incessant et souvent

directement au-dessous de nous. Nous passons à travers une tempête de neige qui alourdit le ballon au point d'arrêter la montée ; aussi vite que possible nous vidons un sac de vingt kilos ; en quelques minutes nous sommes au grand jour et avons passé par-dessus la tempête vingt-cinq minutes après notre départ. Lorsque nous émergeons, nous rencontrons une belle et douce lumière. Après avoir encore traversé quelques mètres d'épaisseur de brouillard, nous admirons le plus beau spectacle qu'on ait jamais vu. En dessous de nous, une mer de duvet, unie comme un parquet, semble s'étendre aussi loin que l'œil peut atteindre ; vers le sud et l'ouest, la lumière est trop brillante pour que l'œil puisse la supporter. Nous sommes si bien équilibrés que la nacelle semble fixée dans un halo de gloire. Nous nous élevons de quelques mètres au-dessus, puis nous plongeons de nouveau dans son sein ; mais la seconde fois, nous dominons d'environ trente mètres cette plaine éclatante.

» Nous ne pouvons rester longtemps dans cet endroit idéal, féerique ; au sud et à l'ouest se dresse une haute montagne de nuages orageux, approchant rapidement ; au-dessous de nous, des décharges d'artillerie résonnent dans toutes les directions, pendant que les nuages, dominant la plaine ainsi qu'une falaise, marchent sur nous, nous dominant de si près que notre regard doit raser le ballon pour apercevoir leur bord supérieur.

» Bientôt, à notre niveau, nous voyons s'ouvrir béante une grande caverne sombre d'environ un kilomètre de profondeur ; son entrée est à quelques mètres à peine devant nous et sa voûte domine le ballon d'une centaine de mètres pendant que nous admirons l'étrange aspect et les arcades de cette étonnante salle sombre. Lorsque le ballon est sur le point de toucher le haut de l'entrée, nous nous penchons au dehors pour voir les beautés de cette demeure de l'ouragan ; mais en un clin d'œil nous sommes emportés.

» Immédiatement après, la partie basse du ballon flotte et claque comme un drapeau ou une voile détendue pendant la tempête ; nous pirouettons et chancelons ; tout autour de nous ce n'est qu'un énorme mugissement ; le bas du ballon, devenu concave, rentre dans l'intérieur ; la pluie, la neige et le grésil nous viennent de toutes les directions, du haut, du bas et de côté. Presque au même instant, une poussée brusque nous entraîne soixante mètres plus haut. Juste à ce moment, au-dessous de nous et un peu par côté, un sifflet de chemin de fer rompt la monotonie du tonnerre et, une minute après, retentit directement au-dessous de nous. Ceci se passait quarante minutes après notre départ, et le coup de sifflet suivant s'entendit toujours plus loin que le premier. Nous pensons, en conséquence, que nous avons dû passer au-dessus de la ville de Kingston, dans la province d'Ontario, ayant été poussés par le vent sur le lac, exactement dans la direction du nord, à une distance de cent kilomètres en quarante minutes.

» Pendant ce temps le tonnerre était effrayant. Ce n'était pas le bruit éclatant que nous entendons à terre, mais un rugissement incessant, semblant venir de tous côtés. Nous étions au milieu de la pluie, qui coulait le long du filet et chargeait le ballon. A ce moment nous cessons de tourner et tombons de l'altitude de 580 mètres à celle de 420 mètres ; nous vidons quatre sacs de lest et restons équilibrés, quoique toujours au milieu de la pluie ; c'était une heure dix minutes après notre départ. Il faisait si sombre que nous pouvions à peine nous voir. Bientôt le tonnerre devint moins continu, puis s'évanouit en roulements lointains. »

Le 25 juin 1888, M. Lecoq, se trouvant à 600 mètres au-dessus de Paris, fut rejoint par un nuage orageux d'une teinte gris verdâtre qui, une fois arrivé au-dessus de l'aérostat, produisit une montée des plus rapides ; l'obscurité était telle dans le nuage, que le guide-rope disparaissait à quelques mètres de la nacelle ; le ballon tournait sur lui-même et se balançait fortement; parfois l'aéronaute percevait nettement des courants chauds qui produisaient une ascension plus rapide. A 1.600 mètres, l'orage était dans toute sa force; la masse du nuage s'illuminait d'éclairs intermittents suivis de coups de tonnerre très brefs, et on percevait une forte odeur d'ozone; les décharges s'effectuaient vraisemblablement entre le cumulus au sein duquel flottait le ballon et une couche supérieure de nuages. Les aéronautes ne furent nullement incommodés, sauf l'oppression et l'état de gêne produits par la haute tension électrique de l'atmosphère.

Le 26 avril 1894, M. Livrelli s'élevait dans l'atmosphère, par un temps orageux; en arrivant à la hauteur de 1.500 mètres et avant d'atteindre la couche de nuages, il ressentit à la figure et aux mains un fourmillement particulier; du bout de ses doigts allongés s'échappaient des étincelles électriques de plus d'un centimètre de longueur. Le phénomène se prolongea pendant une vingtaine de secondes et cessa de se produire dès que le ballon eut atteint les nuages.

L'électricité atmosphérique n'est pas aussi inoffensive pour les ballons marchant au guide-rope ou pour les ballons captifs.

Le grand ballon captif qui fonctionna à Chicago en 1891 fut foudroyé et presque complètement détruit pendant un orage.

Le 8 septembre 1894, au camp d'Aldershoot, un ballon de 600 mètres cubes était retenu par son câble métallique à 60 mètres de terre, lorsqu'un orage éclata. Brusquement on vit une lueur bleue autour du ballon, dont la soie s'enflamma au moment où retentissait un violent coup de tonnerre.

Le ballon fut complètement détruit, et trois sapeurs qui se trouvaient à terre près du câble reçurent de graves blessures.

Combustion spontanée des ballons.

L'électricité atmosphérique peut produire un autre genre d'accident grave, c'est l'inflammation du gaz d'un aérostat pendant le dégonflement qui termine une ascension libre.

Lorsqu'un ballon libre séjourne pendant quelque temps dans des nuages fortement électrisés, les parties métalliques des agrès, et notamment la soupape supérieure, se mettent en équilibre de tension avec les nuages, et se chargent d'électricité.

Cette électricité disparaît peu à peu si l'aérostat se rapproche lentement du sol, et surtout si l'air est humide; mais si l'air est sec et la descente rapide, la tension électrique reste à peu près la même. D'autre part, il résulte des expériences faites en Allemagne par le docteur Bœrnstein que l'électrisation des soupapes peut encore être attribuée, lors de l'atterrissage, au frottement du filet sur le ballon ou au plissement de l'étoffe.

L'écoulement du gaz pendant le dégonflement, que l'on aurait pu être tenté de considérer comme une source d'électricité, par analogie avec la machine d'Armstrong, a été reconnu absolument étranger à toute production d'étincelles.

Dans tous les cas, et quelle que soit la cause de production de l'électricité, lorsque le ballon touche le sol. la soupape reste isolée par l'enveloppe de soie; de sorte que si quelqu'un vient à toucher cette soupape pendant les manœuvres de l'atterrissage en établissant ainsi une communication avec la terre, une étincelle jaillit et enflamme le gaz qui sort par l'ouverture de la soupape.

Si ce gaz est pur, il brûle sans explosion; c'est ce qui s'est produit à deux reprises en 1890 et 1893 au parc aérostatique de Grenoble. Mais si le gaz est mélangé d'air, une violente explosion a lieu et il peut y avoir mort d'homme comme cela est arrivé à Berlin au parc aérostatique militaire de Tempelhoff, en 1888.

Pour éviter ces accidents, il convient de munir les soupapes métalliques de conducteurs assurant la communication avec le sol, dès que la nacelle touche terre, ou même d'employer des soupapes non métalliques recouvertes d'un vernis isolant.

§ 3. — Feux Saint-Elme.

Causes des feux Saint-Elme.

Les feux Saint-Elme sont des lueurs que l'on observe, par les temps orageux, sur les pointes élevées des paratonnerres, des édifices, des mâts des navires, et qui ont pour cause un écoulement lent de l'électricité du sol sollicitée par l'électricité de nom contraire des nuages.

Lieux d'observation.

Ils se montrent le plus souvent en mer, mais on les observe aussi sur les clochers, où ils ont la forme de la flamme d'un jet de gaz, et atteignent souvent $0^m,50$ de longueur. Ils peuvent même se produire sur l'homme lui-même; le 8 mai 1831, à Alger, des officiers qui se promenaient un peu après le coucher du soleil, alors que de nombreux éclairs sillonnaient l'atmosphère, remarquèrent avec étonnement que leurs cheveux se dressaient et étaient surmontés de petites aigrettes lumineuses accompagnées d'un bruissement prononcé. Quand ces officiers levaient les mains, des aigrettes se formaient aussi au bout de leurs doigts. Saussure a observé un fait analogue pendant une ascension de montagne faite dans les Grisons en 1867.

Enfin, le phénomène s'observe aussi en ballon; Testu, en 1786, est resté en ballon durant trois heures de la nuit, au milieu d'un violent orage, et il a pu remarquer des scintillements produisant de petites flammèches sur les franges dorées de son drapeau.

CHAPITRE VIII

Définition.

On désigne sous le nom de trombe, une colonne d'air et
de vapeurs, traversant avec une vitesse relativement lente
(généralement celle d'un homme au pas), les couches inférieures de l'atmosphère et pivotant sur elle-même d'un
mouvement assez rapide pour déraciner les arbres, renver-
ser les maisons, briser et détruire tout ce qu'elle rencontre.

Tout le monde a eu l'occasion de voir une réduction de
ce phénomène, qui se présente souvent l'été sous forme de
petits tourbillons formés d'air et de poussières, animés d'un
mouvement giratoire rapide et se déplaçant à la surface
du sol.

Effets des trombes.

Les trombes sont généralement accompagnées de grêle
ou de pluie, lancent souvent des éclairs et de la foudre, en
faisant entendre sur toute la zone qu'elles parcourent, le
bruit d'une charrette roulant sur un chemin rocailleux.

Elles débutent ordinairement par l'abaissement d'un
nuage orageux dont la surface inférieure forme un cône
renversé et dont le sommet approche plus ou moins du sol
ou de la surface de la mer. Au-dessous de la colonne nua-
geuse, une grande agitation apparaît sur la mer ou sur le
sol; elle est comparée par les marins à une ébullition qui
lancerait des vapeurs et des gerbes de filets liquides. Sur

terre la trombe balaye les arbres, ruine les maisons ; les objets les plus divers sont enlevés et transportés à des distances considérables.

Origine des trombes.

L'origine des trombes n'est pas encore connue, mais ces météores paraissent dus à la combinaison d'actions électriques et d'actions mécaniques.

Dimensions des trombes.

La trombe est un phénomène purement local ; elle n'a souvent que quelques mètres de diamètre, et ne parcourt jamais plus de quelques lieues.

Fréquence des trombes.

Les trombes sont moins fréquentes sur terre que sur mer, mais leur violence est partout la même ; bien qu'elles se présentent assez rarement dans nos régions, on en peut citer des exemples curieux.

Celle qui ravagea Chatenay (Seine-et-Oise) en 1839, grilla les arbres qui se trouvèrent sur sa circonférence et renversa ceux placés sur son passage même ; les branches et les feuilles tournées du côté du météore étaient tout à fait desséchées et roussies, tandis que les autres restèrent vertes et vivantes. Des milliers d'arbres de haute futaie furent renversés et couchés dans le même sens, comme des gerbes de blé. Un pommier fut transporté à 200 mètres de distance.

Les maisons furent bouleversées, de nombreux murs de clôture renversés sur des longueurs de huit à dix mètres. Plusieurs toits furent enlevés comme des cerfs-volants. Des rangées entières d'ardoises eurent leurs clous arrachés, mais restèrent en place comme si elles avaient été replacées par la main du couvreur.

Dans une trombe observée en 1886, à Bar-sur-Aube, un châssis de jardinier pesant 60 kilogrammes fut enlevé à la hauteur d'un peuplier.

Une trombe marine fort curieuse a été observée en 1885, à San-Remo; allongée en forme de serpent, et descendant obliquement du nuage à la mer, elle mesurait 2 kilomètres de longueur et son tuyau paraissait cinq fois plus large que la colonne Vendôme.

CHAPITRE IX

Propagation du son.

L'atmosphère jouit de la propriété de produire les mouvements vibratoires qui nous font percevoir le phénomène du son.

Le son se propage dans l'air par ondulations successives, que l'on peut comparer grossièrement aux ondes circulaires qui se produisent à la surface de l'eau autour d'un point troublé par la chute d'une pierre.

Sa vitesse est de 333 mètres par seconde à la température de 0°, et elle augmente avec la température, suivant la formule :

$$v = 333 \sqrt{1 + \alpha t}$$

Elle varie d'un gaz à l'autre en raison inverse de la racine carrée de la densité, toutes choses restant égales d'ailleurs.

Le son ne se propage pas dans le vide ; dans les liquides sa vitesse est plus grande que dans les gaz, et dans les solides plus grande encore.

L'intensité du son augmente avec la densité du milieu gazeux et varie en raison inverse du carré de la distance ; Glaisher a vérifié que la propagation des sons augmente en raison directe de l'état hygrométrique de l'atmosphère ; il raconte que, par un temps sec, les cris de plusieurs milliers de personnes n'étaient pas perceptibles à 1.500 mètres, alors que par temps humide il entendit à 3.000 mètres l'aboiement d'un chien et le sifflet d'une locomotive.

Lorsqu'on s'élève dans l'atmosphère, l'intensité du son est notablement diminuée par suite de la raréfaction de l'air; au sommet du Mont-Blanc, un coup de pistolet fait l'effet d'un pétard ordinaire.

L'intensité des sons émis à la surface de la terre se propage de bas en haut bien plus facilement que dans toute autre direction, et se transmet sans s'éteindre jusqu'à de grandes hauteurs dans l'atmosphère. Dans les ascensions en ballon, on remarque qu'un bruissement intense et permanent règne à 300 ou 400 mètres au-dessus de Paris.

La voix humaine se fait entendre jusqu'à une hauteur de 800 à 1.000 mètres. Le son d'un orgue de Barbarie s'étend à plus de 1.500 mètres, celui d'un orchestre jusqu'à 2.000 mètres, le bruit d'un train à 2.500 mètres, le sifflet d'une locomotive à plus de 3.000 mètres. Au delà de 3.000 mètres tout bruit cesse, et lorsqu'un nuage vient à cacher la terre, l'aéronaute se trouve isolé au milieu d'un silence absolu.

Il n'en est pas de même de haut en bas; tandis que nous comprenons facilement les gens qui parlent à 500 ou 600 mètres au-dessous de la nacelle, on ne nous entend plus dès que nous sommes à plus de 200 ou 300 mètres du sol.

Écho.

Le son se réfléchit comme la lumière et c'est ce qui donne naissance aux échos. Pour que l'écho se produise avec netteté, il faut une distance de 17 mètres au moins, correspondant à une durée de 1/10 de seconde entre l'observateur et la surface refléchissante.

Le phénomène de l'écho ne se produit bien en ballon qu'au-dessus d'une eau bien tranquille; l'eau agitée par une brise, même légère, donne déjà un son trouble; la surface des prés et des champs est encore plus mauvaise.

CHAPITRE X

Couleur du ciel.

Une partie des rayons lumineux que nous envoie le soleil est absorbée par l'air, l'autre réfléchie; mais l'air n'agit pas également sur tous les rayons colorés dont se compose la lumière blanche. Il laisse passer avec plus de facilité les rayons rouges et réfléchit au contraire les rayons bleus.

Cette différence est surtout sensible lorsque la lumière traverse une épaisseur considérable de l'atmosphère; c'est ce qui explique notamment les teintes rougeâtres du ciel le matin et le soir, lorsque le soleil est près de l'horizon. Souvent aussi on remarque l'absence de rayons bleus dans les arcs-en-ciel qui se produisent peu de temps avant le coucher du soleil.

La teinte du ciel provient de la combinaison de trois couleurs différentes : le bleu qui est réfléchi par les molécules d'air, le noir des espaces célestes et le blanc de la vapeur d'eau contenue dans l'atmosphère.

La teinte bleue est plus foncée au zénith; elle s'éclaircit vers l'horizon, où elle devient parfois presque blanche. Elle est plus foncée vers le milieu de la journée, après la pluie qu'avant, et aussi d'autant plus qu'on s'élève davantage dans l'atmosphère. Dans les ascensions à grande hauteur où on laisse au-dessous de soi la majeure partie de la vapeur d'eau atmosphérique, le ciel devient d'un bleu presque noir; en même temps on aperçoit entre le soljjet la nacelle une légère buée transparente qui voile à l'observateur la surface terrestre.

Crépuscule.

La réflexion de la lumière solaire par l'atmosphère est la cause du crépuscule, qui produit, matin et soir, l'illumination d'un secteur étendu du côté du levant ou du couchant, dénonçant ainsi la présence du soleil situé au-dessous de l'horizon.

La dénomination de crépuscule se rapporte plus spécialement à la lumière observée le soir, tandis qu'au moment du soleil levant le phénomène porte le nom d'aurore.

L'aurore commence ou bien le crépuscule du soir finit lorsque le soleil est à 18° en moyenne au-dessous de l'horizon; toutefois cette valeur est très variable et dépend de l'état de l'atmosphère.

Le phénomène dure d'autant plus longtemps que la quantité de vapeur d'eau contenue dans l'air est plus considérable et qu'elle s'élève plus haut; aussi l'aurore est-elle en général plus courte que le crépuscule, parce que l'humidité de l'air, condensée par le froid de la nuit, est moins grande et se rapproche du sol.

Si le soleil ne descend pas à plus de 18° au-dessous de l'horizon, le crépuscule se prolonge depuis le soir jusqu'au matin. C'est pourquoi, vers le solstice d'été, la nuit noire dure si peu de temps, dans nos climats, et pourquoi aussi, au pôle, il n'y a presque pas de nuit.

Quand le soleil est couché, on aperçoit à l'horizon oriental un segment bleu sombre produit par l'ombre conique de la terre; le contour de ce segment, appelé arc crépusculaire, s'élève de plus en plus, à mesure que le soleil s'abaisse, et finit par gagner le zénith puis l'horizon occidental.

Aurore boréale.

L'aurore boréale est une illumination particulière de l'air qui se présente avec les formes les plus variées, au-dessus de l'horizon du Nord. Ce phénomène n'est visible que pendant la nuit, et il est accompagné de perturbations magnétiques considérables.

Il se compose d'un arc de lumière dont le point culminant est situé à peu près dans le méridien magnétique; cet arc repose sur un segment de couleur foncée; au-dessus de l'arc lumineux s'élancent des rayons de lumière, qui s'élèvent vers le zénith.

Peu à peu, ces rayons s'allongent; ils s'étendent sur une grande partie du ciel, et se colorent de nuances variées. Ils convergent en général vers un point du ciel situé au delà du zénith, et dont la position est indiquée par la direction de l'aiguille magnétique d'inclinaison.

Plus tard ces rayons se dissolvent en se roulant sur eux-mêmes, le ciel n'offre plus que des plaques éparses et mouvantes de lumière, qui semblent entraîner l'aiguille aimantée dont on dirait qu'elles conduisent la pointe.

La couleur dominante est le blanc tirant plus ou moins sur le jaune; dans certains cas, l'aurore présente des rayons rouge carminé et quelquefois elle est entièrement de cette teinte; parfois aussi, il lui arrive de renfermer toutes les couleurs de l'arc-en-ciel, surtout quand l'atmosphère est brumeuse et peu transparente.

L'intensité de la lumière émise par les aurores est généralement inférieure à celle de la pleine lune et jusqu'ici il n'a guère été possible d'obtenir des photographies de ce phénomène.

L'aurore est souvent accompagnée d'un bruit particulier ressemblant au froissement d'une étoffe de soie; parfois, on constate une odeur caractéristique rappelant celle de l'ozone. Ainsi, l'aéronaute Rolier, qui, le 24 novembre 1870, ayant quitté en ballon Paris assiégé, alla atterrir en Norwège, eut l'occasion, au cours de ce voyage, d'observer une très belle aurore. Il remarqua, pendant toute la durée du phénomène, un bruit persistant accompagné d'une forte odeur d'ozone qui irritait les bronches.

La hauteur probable de la nappe lumineuse des aurores boréales varie de 100 à 200 kilomètres.

Causes des aurores boréales.

Les causes des aurores boréales ne sont pas connues. Descartes cherchait leur explication dans la réflexion de la lumière du soleil sur les particules glacées de certains nuages, les cirro stratus, très élevés dans l'atmosphère.

La direction constante de leur arc et les perturbations qu'elles exercent sur les boussoles montrent que les aurores ont une relation certaine avec le magnétisme terrestre et qu'elles peuvent être attribuées à des courants électriques qui se dégagent des pôles vers les hautes régions de l'atmosphère. Dans cette hypothèse, ces courants seraient produits par l'électricité positive des nuages transportée de l'équateur aux pôles par les vents alizés.

Il faut remarquer d'ailleurs la grande analogie qui existe entre les aurores et les lueurs produites par l'écoulement de l'électricité dans l'air raréfié. Enfin, il convient de noter que les aurores semblent dépendre, quant à leur forme et à leur situation dans l'espace, de la distribution générale du magnétisme à la surface du globe, et qu'elles coïncident presque toujours avec les grandes perturbations magnétiques qui se produisent elles-mêmes au moment où la surface solaire est en proie à une agitation considérable.

C'est ainsi que la dernière aurore observée en octobre 1898 sur nos côtes de la Manche a suivi les perturbations magnétiques causées par la gigantesque tache observée à ce moment sur la surface du soleil, et dont le diamètre représentait trois fois celui de la terre.

Les aurores sont assez rares en France; l'une des plus remarquables a été observée en octobre 1870. Leur nombre augmente rapidement à mesure qu'on s'approche des régions boréales ou australes; pour une aurore observée en France, on en compte dix à Copenhague, trente dans le nord de l'Islande et ces météores sont presque journaliers en Laponie, où leur clarté vient combattre l'obscurité des longues nuits polaires.

Colonnes et croix lumineuses.

Les colonnes de lumière blanche, les croix et les divers aspects lumineux qui se montrent parfois au lever et au coucher du soleil, sont dus à la réflexion de la lumière sur une nappe de cristaux de glace situés dans les hautes régions atmosphériques. C'est un effet analogue à celui qui se produit lorsqu'on regarde l'image du soleil se formant obliquement sur une nappe d'eau légèrement agitée; l'image s'allonge alors beaucoup dans le plan vertical. Lorsqu'on observe les colonnes lumineuses au coucher du soleil, on les voit s'agrandir au fur et à mesure que le soleil s'abaisse vers l'horizon.

Mirage.

On désigne sous le nom de mirage des illusions d'optique ayant pour cause des différences de densité dans deux couches d'air voisines et qui produisent des phénomènes de réfraction se traduisant par des images plus ou moins déformées, tantôt droites, tantôt renversées, des objets placés à la surface du sol.

On distingue :

1º Le *mirage inférieur*, qui se produit lorsque le sol, for-

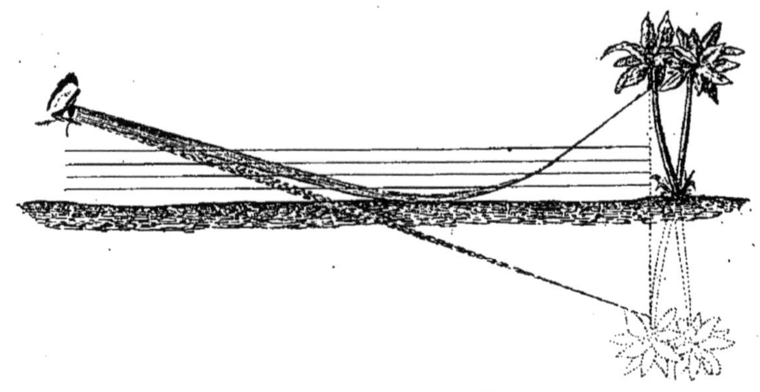

EXPLICATION DU MIRAGE ORDINAIRE

tement échauffé, amène une décroissance de densité des couches inférieures de l'atmotsphère ; les plus légères sont alors les plus rapprochées du sol ; dans ces conditions il se produit, par un phénomène de réflexion totale, des images renversées des objets lointains, et il semble que les arbres, les maisons, soient au milieu d'une nappe d'eau.

Le mirage inférieur se montre surtout sur les plaines sèches et sablonneuses, sur les grandes routes blanches et sur le littoral.

La forme convexe tournée vers la terre, du faisceau lumineux, a été constatée d'une façon curieuse par les Espagnols, au cours de leur récente campagne de Cuba.

Deux postes de télégraphie optique, distants de 24 kilomètres seulement, étaient en communication régulière pendant la nuit, tandis que pendant le jour les signaux devenaient invisibles et le faisceau lumineux se relevait pour passer à 6 mètres au-dessus de la station correspondante, ce dont on pouvait s'assurer en dressant une échelle.

2º *Mirage supérieur*. — Le mirage supérieur, qui se produit surtout en mer. Quand la surface de l'eau est plus froide que l'air, les couches inférieures de l'atmosphère sont notablement plus denses que les couches supérieures ; un rayon de lumière réfractée tourne alors sa concavité vers la terre, et il en résulte un relèvement des objets lointains. L'horizon de la mer paraît alors beaucoup plus élevé qu'il ne l'est réellement, et on aperçoit dans l'atmosphère l'image renversée des côtes et des navires éloignés.

Gaston Tissandier a observé en 1868, dans une traversée en ballon du Pas-de-Calais, un exemple curieux de mirage

MIRAGE SUPÉRIEUR OBSERVÉ EN BALLON

supérieur ; le ciel réfléchissait la mer avec sa nuance verdâtre et on apercevait avec une grande netteté l'image d'un
bateau à vapeur et de plusieurs barques naviguant sur un
océan renversé.

Dans certains cas, il arrive que l'observateur aperçoit
seulement l'image. Tel l'exemple fameux du mirage qui
permit, en 1882, au navigateur Scoresby de reconnaître le
vaisseau de son père à son image renversée, bien que ce
vaisseau fût à 12 à 15 lieues de lui, et au-dessous de l'horizon.

3°*Mirage latéral.* — Le mirage latéral, qui se produit entre deux couches d'air séparées par un plan vertical ; on
l'observe notamment le long des grands murs exposés au
midi, lorsqu'ils sont fortement échauffés par le soleil ; et
le mur joue alors le même rôle que le sol, dans les mira-
ges précédents.

D'après le météorologiste Mohn, ces images virtuelles
latérales peuvent aussi être observées en ballon lorsque
deux masses d'air se trouvent dans des conditions qui leur
donnent momentanément une grande différence de pouvoir réfringent, lorsque par exemple l'une est exposée en
plein soleil tandis que l'autre est dans l'obscurité.

Il ne faut d'ailleurs pas confondre ce mirage latéral avec
le phénomène que nous étudierons plus loin sous le nom
d'anthélie ; dans ce dernier cas, l'auréole est bien due à la
réfraction et à la réflexion des rayons solaires sur les vésicules des nuages, mais l'image du ballon est un simple
effet d'ombre portée.

Arc-en-ciel.

L'arc-en-ciel est produit tant par la réflexion de la lumière solaire que par sa réfraction à travers les gouttes
d'eau. Un rayon de lumière blanche, tel que A B, pénètre
dans une goutte d'eau sphérique en s'y décomposant ; il
forme un faisceau lumineux par suite de la différence de

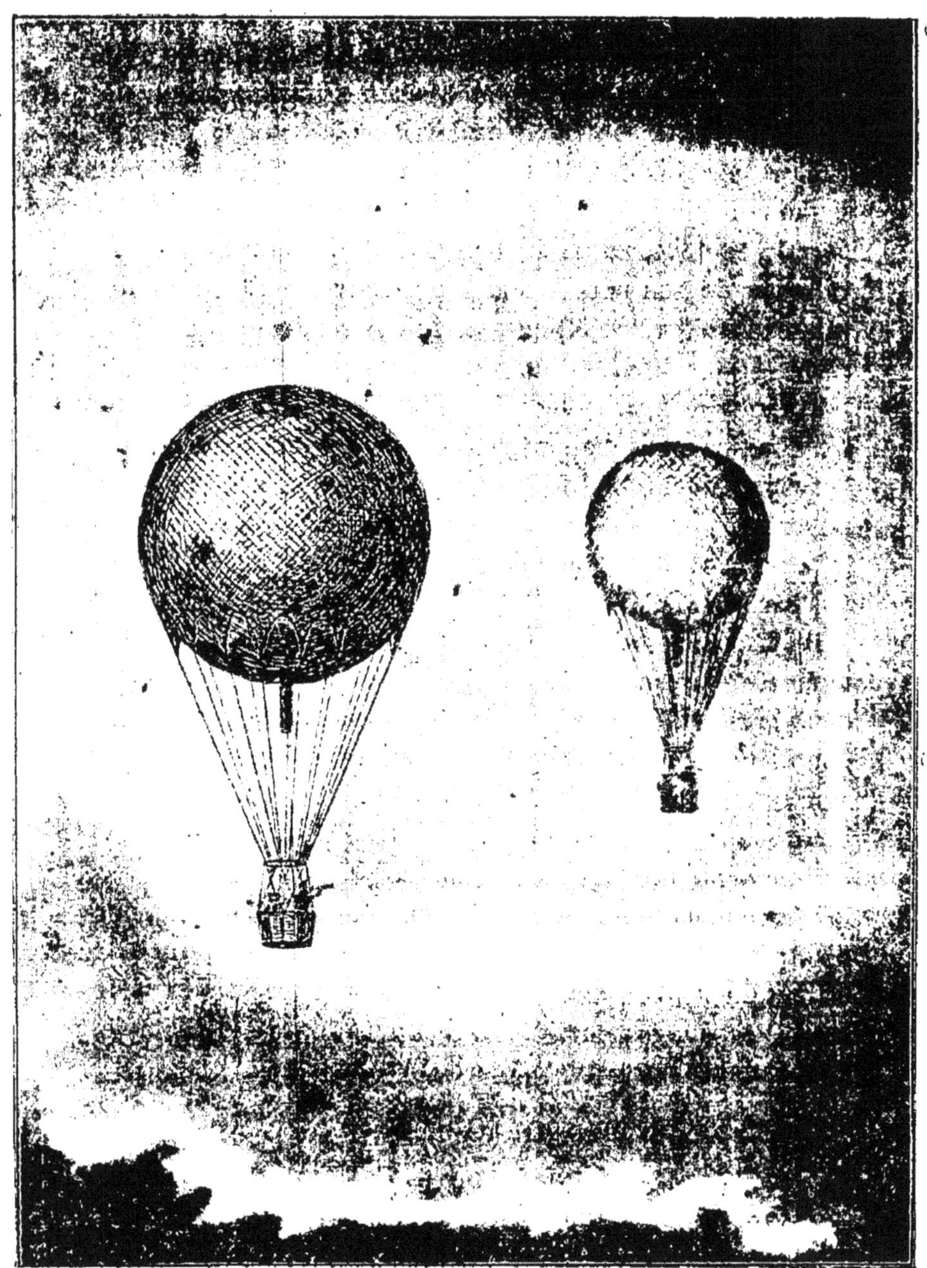

MIRAGE LATÉRAL

réfraction des rayons colorés, se réfléchit à la surface intérieure de la goutte d'eau, puis ressort en se réfractant à nouveau, et en s'épanouissant de plus en plus, de sorte que

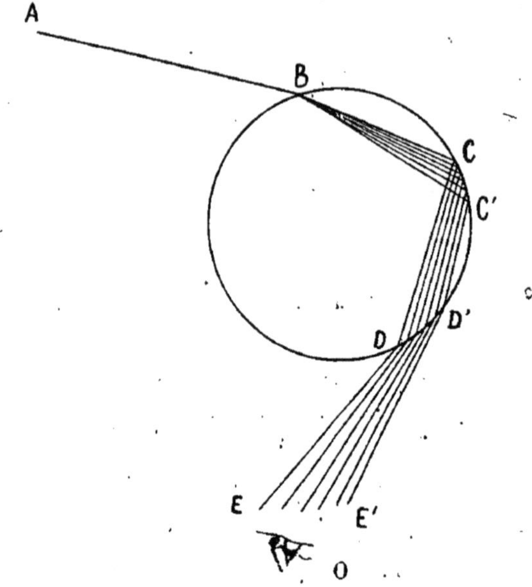

l'observateur placé en O aperçoit une bande lumineuse, où le violet est situé à la partie inférieure.

Ce phénomène apparaît dans la partie de la voûte céleste qui est opposée au soleil, comme un arc coloré placé à une distance moyenne de 41° du point où un rayon solaire passant par l'œil de l'observateur viendrait percer la voûte céleste.

La largeur de l'arc est de 2°, à peu près quatre fois le diamètre apparent du soleil. L'étendue de l'arc visible varie avec la hauteur du soleil au-dessus de l'horizon; pour que le phénomène soit bien net, il faut que cette hauteur ne soit pas inférieure à 45° et que la nuée placée à l'opposé du soleil et qui se résout en pluie soit fortement éclairée; le développement de l'arc est alors de 100 à 150°.

Ce développement varie d'autre part avec la position du spectateur; si ce dernier est placé sur un lieu élevé, il peut apercevoir plus d'une demi-circonférence ; lorsque le phénomène se produit en ballon, on aperçoit parfois une

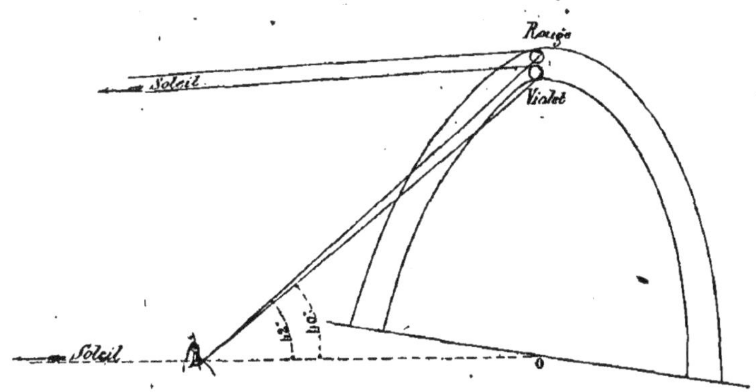

circonférence entière, et le violet forme alors une bande circulaire à l'intérieur.

L'arc-en-ciel étant un phénomène de position, qui n'a pas d'existence réelle dans l'espace, chaque observateur voit son arc particulier, dans des gouttes d'eau différentes.

Arcs multiples.

On remarque souvent, au-dessus de l'arc-en-ciel, un 2e arc plus grand et plus faible, dont les couleurs sont disposées en sens inverse de celles de l'arc principal ; sa distance

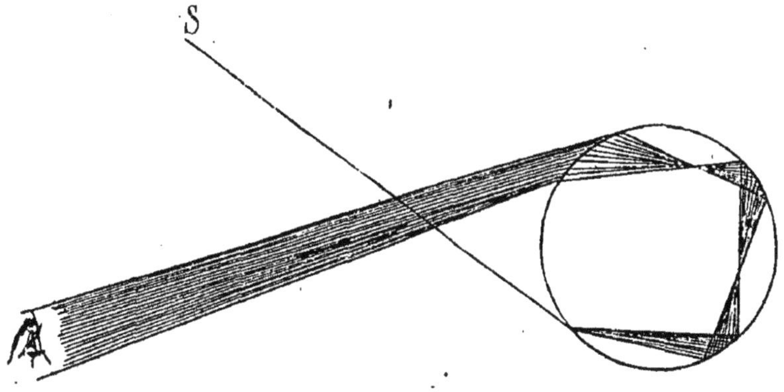

au point O est de 52°, et on l'explique facilement par une double réflexion à l'intérieur des gouttes d'eau.

Un plus grand nombre de réflexions peuvent d'ailleurs se produire, et donner naissance à d'autres arcs de plus en plus pâles.

Arcs-en-ciel lunaires.

La lune donne également naissance à des arcs-en-ciel, mais ils sont beaucoup moins intenses et d'ailleurs fort rares.

Anthélie ou auréole des aéronautes.

Lorsqu'un ballon est emporté par le vent, son ombre voyage soit sur la campagne, soit sur les nuages. Elle est ordinairement noire, enveloppée d'une pénombre légère et d'une vaste auréole; il arrive fréquemment aussi qu'elle se détache en clair sur le fond de la campagne et paraît ainsi lumineuse. Les terrains boisés ou cultivés sur lesquels se détache cette ombre portée paraissent plus éclairés que les autres parties du sol, exposées à la seule lumière du soleil.

Mais c'est surtout lorsque l'ombre du ballon se projette sur des cumulus placés à une faible distance, que le phénomène se présente sous une forme caractéristique. On aperçoit alors une image exacte et en grandeur naturelle de l'aérostat; au centre un fond blanc jaunâtre sur lequel se détache la nacelle, puis à l'entour une série d'anneaux colorés ayant pour centre la nacelle et dont le plus grand se fond peu à peu dans la teinte grise du nuage.

Chacun des mouvements des aéronautes est reproduit par les sosies du spectre aérien, et souvent on aperçoit d'une façon très nette les plus petits cordages ainsi que les moindres détails de la nacelle.

Si le ballon s'éloigne du nuage, on voit le spectre se rapetisser, l'auréole colorée s'agrandir et finir par enve-

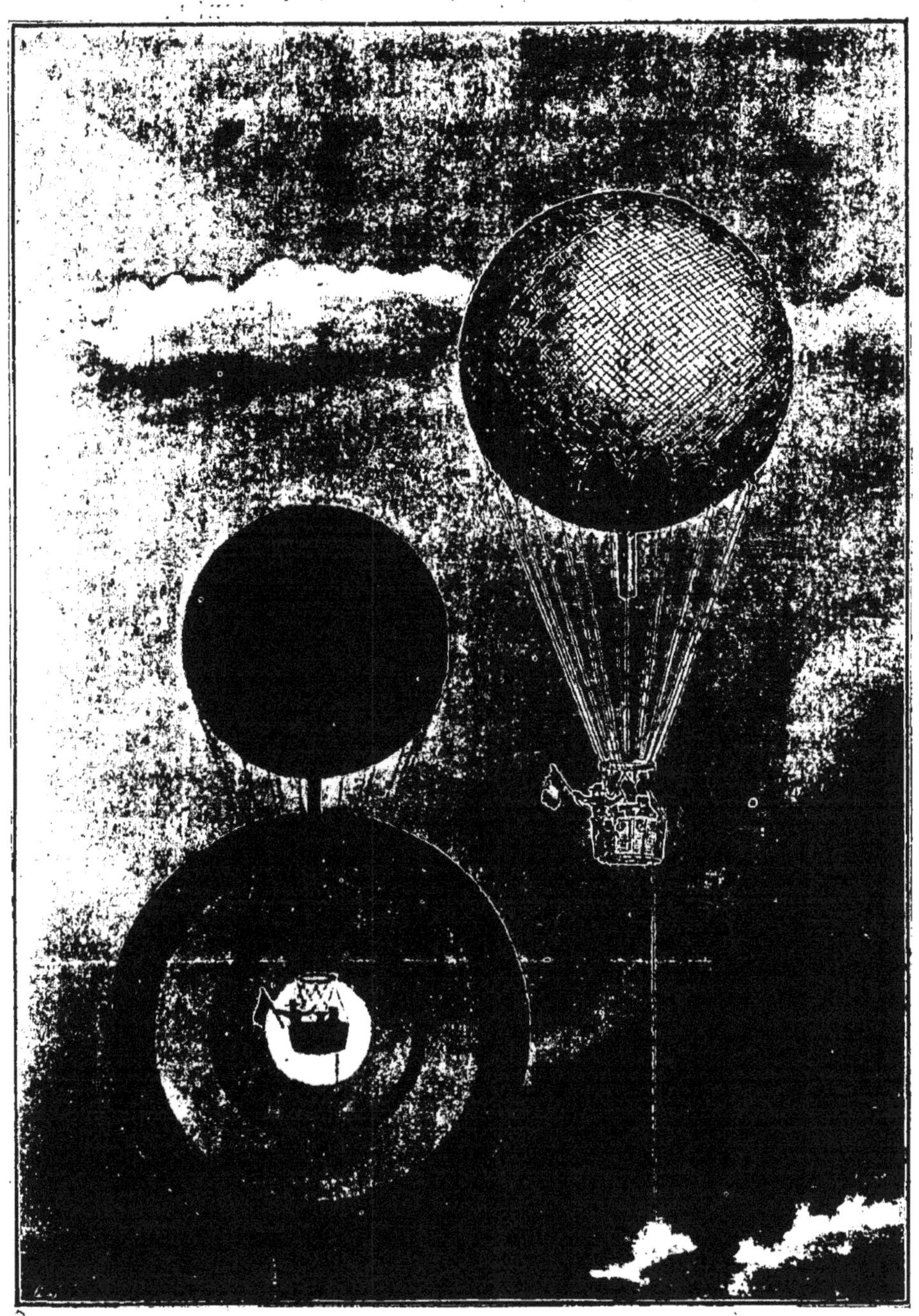

ANTHÉLIE OU AURÉOLE DES AÉRONAUTES

lopper l'ombre de l'aérostat, en même temps que ses couleurs pâlissent et finissent par disparaître ; c'est l'ombre lumineuse de tout à l'heure.

Ce phénomène, appelé généralement auréole des aéronautes, est une anthélie, et il est dû à la diffraction des rayons lumineux produite sur les vésicules des nuages ; il a toujours lieu dans une direction opposée à celle du soleil.

Halos.

Les halos sont des cercles éclatants qui entourent le soleil et la lune et qui sont produits par la réfraction de la lumière quand elle passe à travers les aiguilles de glace de forme hexagonale contenues dans les hautes régions de l'atmosphère.

Les halos ne se composent pas seulement de cercles concentriques à l'astre ; mais aussi d'autres cercles qui coupent les premiers, parallèlement à l'horizon ; aux points d'inter-

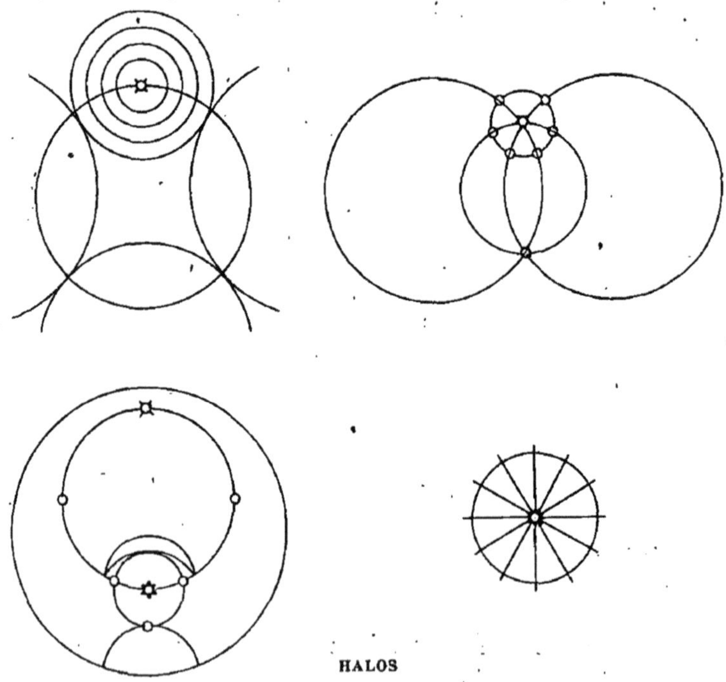

HALOS

section brillent les faux soleils ou parhélies, et les fausses lunes ou parasélènes.

Couronnes.

Les couronnes qui apparaissent autour du soleil et de la lune et quelquefois aussi autour des planètes Vénus et Jupiter, quand l'air n'est pas pur, sont dues à la diffraction à travers les vésicules nuageuses, et se produisent lorsque des nuages légers viennent à passer devant ces astres. Le diamètre des couronnes dépend des dimensions des gouttelettes d'eau : si les gouttes sont petites, le diamètre de la couronne est plus grand ; si elles sont grosses, au contraire, la couronne se resserre et se rapproche de l'astre, qu'elle semble presque toucher ; cette dernière modification est un indice de pluie. On observe l'effet des couronnes lorsqu'on examine un objet lumineux à travers une plaque de verre sur laquelle on a répandu du lycopode, ou même lorsqu'avec l'haleine on l'a simplement recouverte d'une

PHÉNOMÈNE DE PSEUDHÉLIE

légère couche d'humidité ; les vitres recouvertes de givre donnent une reproduction parfaite du phénomène.

Pseudhélie.

Lorsque les bases horizontales des cristaux de glace contenus dans la haute atmosphère réfléchissent la lumière solaire en renvoyant ses rayons vers le haut, elles produisent pour l'observateur placé au-dessus des nuages à particules glacées une image brillante du soleil, absolument comme le ferait une nappe d'eau placée à la même hauteur.

Ce phénomène fort rare a été observé par Barral et Bixio en 1850 et s'appelle pseudhélie.

CHAPITRE XI

Météorologie pratique.

La météorologie pratique recherche la succession des circonstances atmosphériques, et cherche à fixer par anticipation le temps qu'il fera tel jour donné.

Nous savons que l'état du temps à un moment quelconque dépend surtout de la distribution de la pression qui détermine le vent et la plupart des autres éléments météorologiques ; malheureusement la connaissance exacte des variations de la pression atmosphérique est un problème que la science n'a pas encore résolu, de sorte que la prédiction du temps se réduit à prédire le temps qu'il fera le jour suivant, et encore est-ce seulement en ce qui concerne les bourrasques et les tempêtes dont la marche est maintenant à peu près connue.

Prédiction de la pluie.

Les chutes de pluie ou de neige peuvent très difficilement être prédites, même à courte échéance ; une prédiction qu'il ne pleuvra pas, quand elle est basée sur des indications sérieuses, peut, au contraire, être considérée comme à peu près infaillible ; en parlant de la prévision de la pluie, on doit dire : « Prédire un temps pluvieux », c'est-à-dire un temps par lequel la pluie est possible.

Toute prévision de changement brusque d'un courant chaud en un courant froid, et quelquefois inversement, entraine avec elle la prévision d'une chute de pluie ou de neige, surtout en hiver, car l'arrivée du vent froid précipite les vapeurs tenues en suspension dans le courant chaud. Les pluies ainsi produites durent peu ; elles cessent dès que le nouveau régime aérien s'est établi.

Prédiction des orages.

Les orages ne peuvent pas non plus être prévus ; tout au plus peut-on prédire un temps orageux lorsque par exemple une région donnée doit être balayée par la partie sud d'une dépression.

Prédiction du vent.

La direction et la force du vent en un lieu donné peuvent être prévues, dans certaines limites, d'après les considérations suivantes :

1º La marche générale des centres de dépressions permet de prévoir la position du lieu par rapport à ces centres et conséquemment la direction probable du vent ;

2º En l'absence des dépressions, les télégrammes venus de stations météorologiques toutes situées dans une même direction cardinale et annonçant des vents orientés suivant cette direction, peuvent servir à donner la prévision d'une direction du vent identique ;

3º La marche du baromètre donne de précieuses indications lorsqu'il s'agit des vents généraux (vent polaire et vent équatorial). Si aucune influence locale ne se fait sentir, le baromètre atteint sa plus grande hauteur pour le vent polaire et sa plus faible pour le vent équatorial.

Il ne faut pas oublier toutefois qu'il s'élève fréquemment des vents locaux de faible durée et parfois assez violents qui échappent par leur nature même aux moyens de prévision précédents.

Impossibilité de prédire le caractère des saisons.

Dans aucun cas il n'est possible de connaître à l'avance le caractère des diverses saisons de l'année, comme de prédire, par exemple, si l'été et l'hiver prochains doivent être relativement froids ou chauds.

La météorologie pratique se réduit donc à signaler l'approche d'une tempête et à indiquer que le temps devient menaçant; notre connaissance incomplète des lois de variation de la pression ne permet pas de préciser davantage et il se peut fort bien qu'une tempête annoncée dévie de sa route et ne passe pas par tel lieu indiqué.

§ Ier. — Prévision générale du temps.

Procédé employé pour suivre les variations de la pression.

Pour suivre les variations de la pression atmosphérique on réunit les observations d'un nombre assez considérable de stations météorologiques, qui observent avec des instruments identiques et transmettent les résultats par le télégraphe à un Bureau central.

L'organisation de ce service date de 1855 et a été provoquée par la grande tempête du 14 novembre 1854, qui après être passée sur l'Europe, assaillit dans la mer Noire les flottes alliées de France et d'Angleterre et produisit des désastres considérables. Le Verrier fit ressortir que les sinistres de Crimée auraient pu être évités s'il eût existé une communication télégraphique avec nos flottes, et il s'attacha à prouver que le temps régnant à un moment donné dans une localité n'est pas particulier à cette localité seulement, mais qu'il s'étend sur des espaces plus ou moins vastes et se propage d'un lieu à un autre avec une vitesse plus ou moins grande.

Bureau central météorologique.

En France, le Bureau central de météorologie, qui relève du ministère de l'instruction publique, possède actuellement huit stations de premier ordre : le Parc Saint-Maur, Nantes, la Tour Eiffel, le Puy de Dôme (altitude 1.467^m), le Pic du Midi (alt. 2.859^m), Perpignan, Lyon et Besançon, dans lesquelles on observe huit fois par jour ; cent soixante sta-

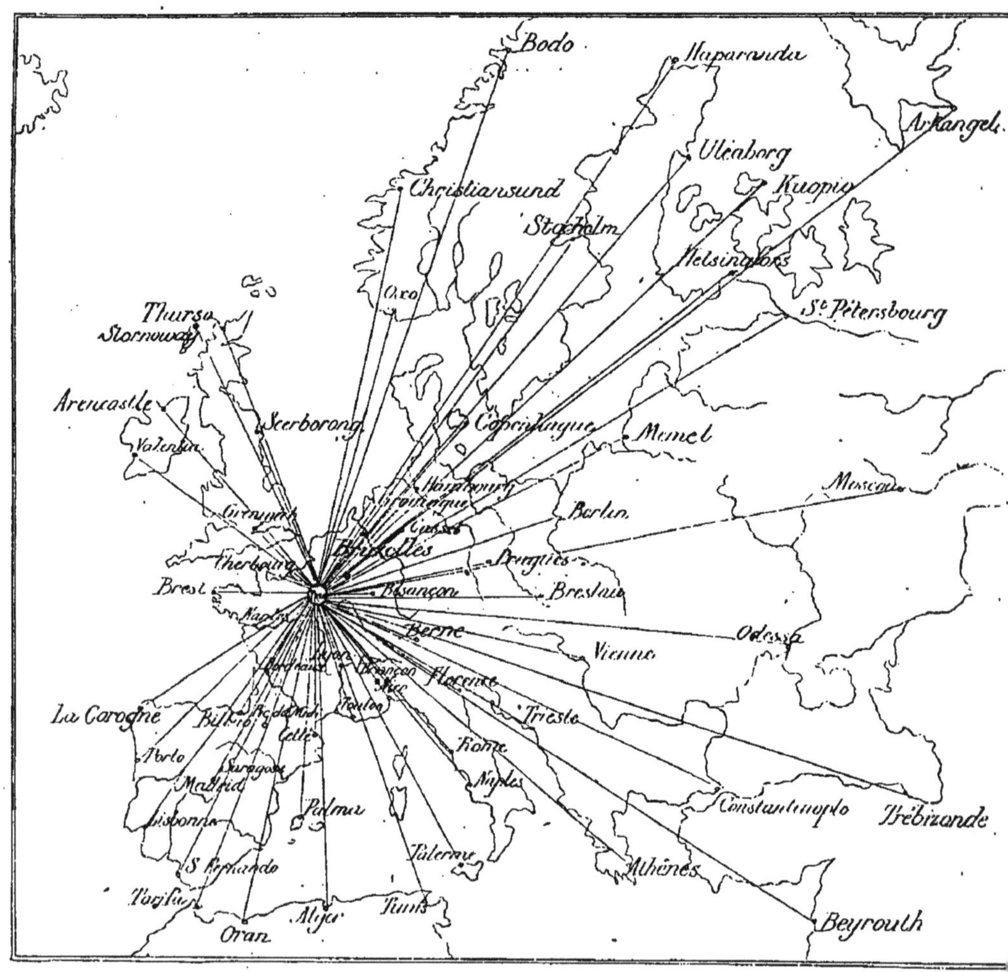

CARTE MONTRANT LA PROVENANCE DES PRINCIPALES DÉPÊCHES QUOTIDIENNES
REÇUES PAR LE BUREAU CENTRAL MÉTÉOROLOGIQUE DE FRANCE

tions de second ordre où l'on fait de trois à six observations; il reçoit de plus chaque jour les communications de quatre-vingts stations étrangères.

Chaque jour, dans la matinée, le Bureau central reçoit par dépêches télégraphiques les observations faites; elles comprennent la hauteur du baromètre réduite à 0° et au niveau de la mer, la direction et la force du vent, la température, l'état hygrométrique, la quantité de pluie tombée dans les vingt-quatre heures précédentes et l'état de la mer.

La rapidité du vent est indiquée par des chiffres, allant de 0 à 9, qui correspondent aux vitesses suivantes en kilomètres à l'heure :

Rapidité du vent :   0, 1, 2, 3, 4, 5, 6, 7, 8, 9.
Vitesse.............. : 0 à 10, 13, 26, 39, 52, 65, 78, 91, 104, 117 kilom.

Cartes du temps.

À mesure que les télégrammes arrivent, on reporte leurs indications sur une carte. On représente la direction du vent par une petite flèche dont la pointe est placée du côté où va le vent, et on indique la vitesse en donnant à la flèche un nombre de pennes proportionné à la force du vent. (Voir la carte ci-après.)

On inscrit ensuite, à côté de chaque station, la hauteur barométrique qui s'y rapporte, et on réunit tous les points ayant même pression; on obtient ainsi les isobares qui sont généralement tracées de 5 en 5 millimètres.

Une deuxième carte se construit d'une manière analogue pour les températures et comporte le tracé des lignes isothermes de degré en degré; elle indique de plus les hauteurs de pluie et les orages.

On a ainsi l'expression de l'état atmosphérique sur une étendue considérable, et la variation constatée du jour au lendemain donne l'idée générale de la transformation qui s'est opérée.

Un physicien de l'Observatoire interprète alors ces cartes synoptiques et rédige sur le temps probable des avis qui sont expédiés aux ports par le télégraphe deux fois par jour, à midi et à 5 heures ; ils indiquent la direction probable du vent et avertissent, s'il y a lieu, qu'une bourrasque se dessine au large. Ces avertissements se confirment dans la proportion de 80 à 90 p. 100 ; en 1896, par exemple, sur trente-quatre tempêtes qui ont abordé notre littoral, le service météorologique a pu en prévoir trente-une.

A midi, on envoie aussi un télégramme dans les communes, et l'utilité de ces annonces est d'autant plus grande qu'il s'agit d'une région plus éloignée de l'Océan. En effet, la marche d'un cyclone, qui s'effectue toujours de l'ouest à l'est, est en général assez lente, et une prédiction faite pour le port de Cherbourg met souvent plus de deux jours pour être réalisée en Champagne. En dehors de l'arrivée des tempêtes, il est toutefois difficile de fournir des pronostics un peu certains sur une étendue aussi grande que celle du territoire français ; on ne peut qu'indiquer l'état général du temps, et c'est sur place qu'il est possible d'en tirer des probabilités pour la région considérée.

Lectures des cartes du temps.

Un premier examen de ces cartes conduit aux remarques suivantes :

1° Les isobares ont le plus souvent l'apparence des courbes de niveau sur les cartes topographiques ;

2° Lorsque les isobares se présentent sous forme de lignes circulaires et concentriques, le centre de ces courbes indique soit un minimum ou centre de dépression, autour duquel la pression va en croissant, soit un maximum ou anticyclone et alors la pression va en décroissant du centre à la périphérie.

L'arrivée d'une dépression amène une bourrasque et est toujours un indice de mauvais temps ; au contraire, la venue d'un anticyclone, comme celle de toute haute pression dans nos régions, est un indice de beau temps ;

3° La distance qui sépare les isobares varie avec la force du vent et elle est d'autant plus petite que la vitesse du vent est plus considérable ;

4° Il existe ordinairement plusieurs de ces systèmes de courbes à la surface de l'Europe et ils se déplacent en conservant toujours entre eux des distances considérables ;

5° Les flèches donnant la direction du vent sont inclinées sur les isobares ; mais dans les dépressions ces flèches sont toutes dirigées en sens opposé des aiguilles d'une montre, tandis que c'est l'inverse dans les anticyclones ;

6° La direction du vent, c'est-à-dire l'orientation des flèches par rapport au centre de dépression obéit à la loi de Buys Ballot : « Tournez le dos au vent, étendez les bras, vous aurez les faibles pressions à votre gauche, les fortes à votre droite ». Cette loi permet de déterminer la direction probable du vent en un point donné. Supposons, par exemple, que le centre de la bourrasque passe sur Paris : au nord de Paris, il soufflera de l'est ; à l'ouest de Paris, il soufflera du nord ; au sud de Paris, de l'ouest ; enfin, il soufflera du sud, à l'est de Paris ;

7° De plus, l'intensité du vent va en diminuant du centre à la circonférence du tourbillon : plus le lieu considéré est voisin du centre de dépression, plus la vitesse du vent y est considérable.

Arrivée des bourrasques.

Nous avons vu que les variations de la pression barométrique nous arrivent toujours de l'Atlantique et marchent en général de l'W. à l'E. avec tendance au nord. C'est surtout d'après l'inspection de la marche du baromètre à l'ouest de l'Europe, c'est-à-dire en Irlande, en Espagne et en Portugal, et aussi aux Açores où une station existe à Ponta-Delgada, qu'il est possible de prévoir, douze ou quinze heures d'avance, l'arrivée d'une bourrasque sur nos régions.

Quelquefois on peut les annoncer de plus loin, car il arrive dans certains cas que les dépressions sont déjà formées sur les Etats-Unis avant de traverser l'Atlantique. Le *New-York Hérald* télégraphie toujours le passage de ces dépressions à New-York, mais souvent elles se comblent avant d'atteindre l'Europe, ou bien sont déviées dans leur marche et passent dans la mer du Nord ou sur l'Espagne au lieu d'atteindre directement la France.

Prévision générale du temps.

La prévision du temps, ainsi comprise, s'applique non seulement à une localité déterminée, mais peut embrasser une vaste région selon le nombre et la valeur des informations obtenues. Malheureusement, elle ne peut se faire que dans des établissements munis d'instruments météorologiques nombreux et perfectionnés et recevant par dépêches télégraphiques les observations d'un grand nombre de stations.

Les cartes publiées au moyen de ces données sont affichées en général dans les mairies et accessibles au public, mais elles ne parviennent pas toujours dans les diverses localités assez à temps pour que leurs indications soient opportunes, surtout si les mouvements atmosphériques ont été un peu précipités.

Prévision du temps en un lieu donné.

Il est donc essentiel de donner, à côté des règles de la prévision générale, un aperçu des règles de la prévision locale, pouvant être employées sans le secours d'aucune carte météorologique, avec l'aide d'un baromètre et d'un thermomètre seulement.

Dans l'application de ces règles, il est d'ailleurs essentiel de rechercher avant tout l'influence que peut avoir sur la marche des vents, de la température, etc., la position géographique du lieu considéré. Telle localité est, par exemple, par sa situation dans une vallée, abritée de certains vents; telle autre, entourée de forêts, s'échauffe ou se refroidit plus lentement qu'en rase campagne; la pluie y est plus fréquente et plus copieuse, etc.

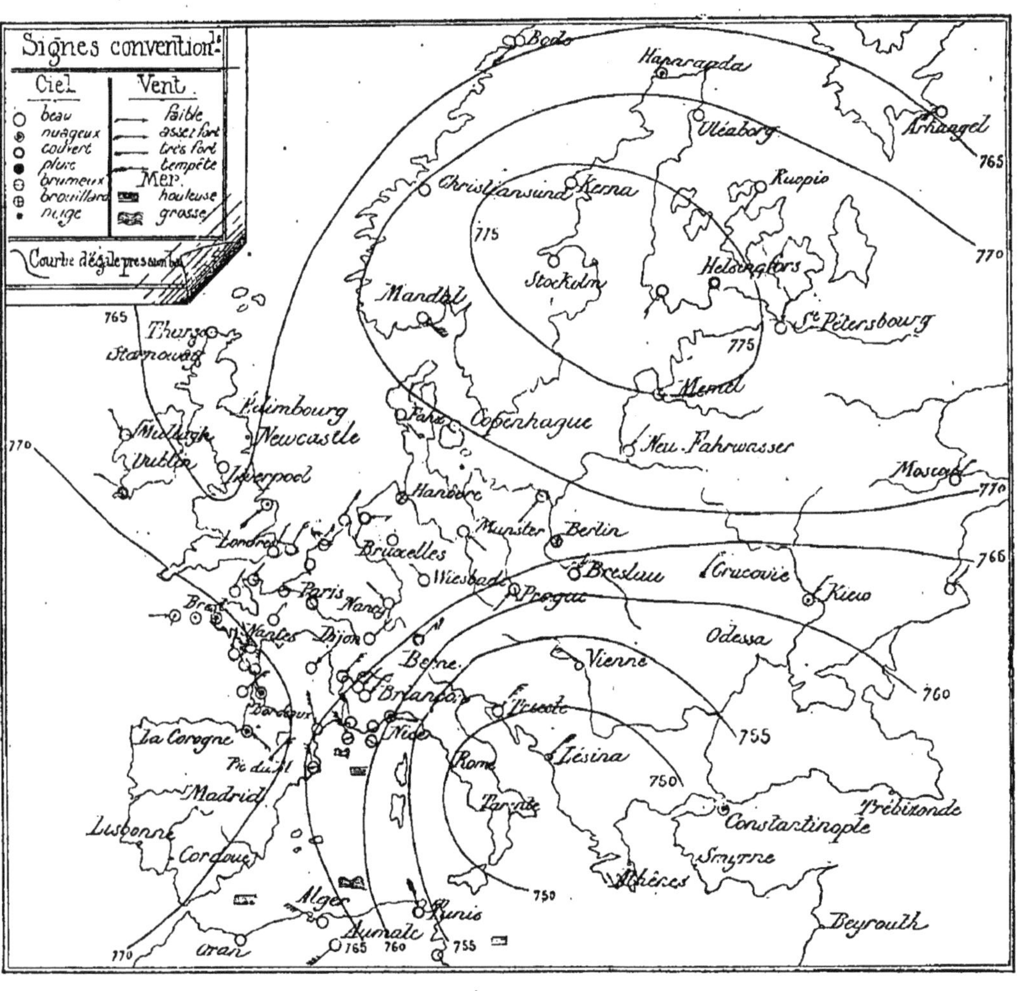

CARTE DU 29 JANVIER 1895

II. — **Prévision locale.**

Instruments employés.

La prévision locale est basée sur l'examen du baromètre, du thermomètre, de l'hygromètre et de la girouette ; elle tient compte, en outre, de l'état du ciel et des différents aspects que présentent les nuages.

L'hygromètre est d'un emploi moins commode que le baromètre et le thermomètre et ne peut guère être usité dans la pratique courante, en dehors des observatoires ; ses indications sont de plus assez difficiles à interpréter, parce qu'elles varient beaucoup avec la situation géographique, la configuration des terres et le voisinage des eaux.

Nous nous bornerons donc à envisager la prédiction du temps d'après les indications du baromètre, du thermomètre et de la girouette, et en tenant compte aussi de l'aspect du ciel.

Indications du baromètre.

Le baromètre monte pour les vents de N.-W. à E., et le maximum se produit pour les vents du N.-E. ; il indique alors un temps moins humide, qui devient sec au bout de quelques jours ; la hausse du baromètre annonce de plus moins de vent, et, d'une manière générale, vent faible.

Le baromètre baisse pour les vents du S.-E. à l'W., et le minimum se produit pour les vents de S.-W. ; il indique alors un temps pluvieux, plus de vent, et d'une manière générale, vent fort.

Ce n'est pas seulement d'après la hauteur momentanée du baromètre qu'il faut juger du temps, mais surtout d'après la rapidité de la hausse ou de la baisse, ainsi que par les mouvements de l'aiguille pendant les heures ou jours immédiatement précédents. Quelle que soit la hauteur du baromètre la baisse d'heure en heure indique une dépression barométrique dont le centre passera plus ou moins loin ; la hausse, au contraire, est un signe d'amélioration dans l'état du temps.

Il convient donc de faire des observations régulières (trois fois par jour environ) et de tracer la courbe des pressions barométriques, ou plus simplement d'employer un appareil enregistreur.

Il faut encore tenir compte de ce fait que l'état de l'atmosphère enregistré par le baromètre, prédit le temps à venir, plutôt qu'il n'indique le temps présent. Plus il y aura d'intervalle entre les signes constatés et le changement prédit, plus la durée de ce changement sera longue ; au contraire, moins il y aura d'intervalle, plus la durée du temps annoncé sera courte.

Indications du thermomètre.

La marche du thermomètre s'effectue généralement en sens inverse de celle du baromètre ; elle est toutefois différente en hiver et en été. En hiver, les plus grands froids nous arrivent par des vents compris entre le N. et l'E., et les poussées de chaleur par des vents du S. à l'W. En été, les grandes chaleurs sont amenées par les vents du S. à l'E., tandis que les vents frais viennent du N.-W.

La température moyenne journalière étant à peu près celle indiquée par le thermomètre à 8 h. 30 du matin, il est facile, en comparant cette température à celle des jours précédents, de savoir si la journée sera relativement chaude ou froide et de conclure ainsi si la température croîtra longtemps, ou s'arrêtera de bonne heure.

Ceci suppose toutefois que l'état du ciel demeure constant ; mais si le ciel se couvre et se découvre tour à tour, si des nuages passent devant le soleil, les mouvements du thermomètre ne seront plus aussi réguliers; l'instrument marchera par secousses, et subira le contre-coup de chaque éclaircie, avec des sautes de 4 à 5 degrés.

En été, si le soleil est caché par des nuages, le thermomètre baisse; en hiver, dans de semblables conditions, il monte.

Si, au contraire, un ciel pur succède à un ciel couvert, le thermomètre éprouve une hausse en été, une baisse en hiver.

L'influence des pluies est généralement des plus accusées; elles sont chaudes en hiver et froides en été. D'après Quételet, la pluie élève la température normale de 2° pendant l'hiver, elle l'abaisse au contraire de plus d'un demi-degré au printemps; l'abaissement subsiste encore, bien que moindre, en été; puis la température normale est de nouveau dépassée d'un demi-degré en automne.

Indications de la girouette.

La girouette donne la direction des vents inférieurs; l'observation des nuages indique la marche des vents qui soufflent dans les régions supérieures. Les vents du N. à l'E. sont secs et froids, et annoncent un beau temps durable; les vents du S. à l'W. sont chauds et humides, ils annoncent de la pluie et du mauvais temps. Deux vents de directions opposées, l'un chaud et l'autre froid, qui se succèdent à bref intervalle, amènent de la pluie.

Les vents du N.-W. et du S.-E. soufflent rarement pendant longtemps; ils annoncent un temps variable et indécis.

Indications tirées de l'état du ciel.

Si les nuages qui existent au lever du soleil se dissolvent ou s'éloignent vers l'W. à mesure que le soleil monte sur l'horizon, c'est l'annonce d'une belle journée.

Si les premières lueurs du jour paraissent au-dessus

d'un banc de nuages, vent probable; si elles paraissent à l'horizon, beau temps.

Un soleil couchant dans un ciel orangé, clair et sans nuages, est un indice de beau temps; si le ciel est rouge, c'est signe de vent; si le soleil se couche derrière une bande étroite de nuages, c'est encore signe de vent.

Plus les nuages paraissent légers, moins on doit attendre de vent; plus ils sont épais, tourmentés, déchiquetés, plus le vent sera fort. Des nuages élevés marchant dans une direction opposée à celle des courants inférieurs indiquent un changement de vent.

Si les petits nuages s'accroissent, il faut s'attendre à de la pluie; si les gros nuages diminuent, on peut espérer du beau temps.

Un ciel bleu foncé sombre indique du vent; un ciel bleu clair et brillant marque le beau temps.

Les couronnes autour du soleil et de la lune présagent de la pluie lorsque leurs dimensions diminuent, et du beau temps lorsqu'elles augmentent.

Les halos autour des mêmes astres indiquent la pluie; en été, ils annoncent souvent la venue d'un orage.

Influences sidérales.

L'influence des phases de la lune sur le beau temps n'est qu'un préjugé, et la science a reconnu depuis longtemps que la succession de ces phases n'a pas d'action sensible sur le climat.

La lune est incapable d'ajouter par sa chaleur à la puissante action de la chaleur solaire. M. Smyth a trouvé qu'au sommet du pic de Ténériffe (à 3.700 mètres au-dessus du niveau de la mer) la radiation lunaire équivaut à celle d'une bougie placée à douze mètres de distance.

La lune est également incapable d'agir par son attraction. Elle meut bien les eaux de l'Océan, mais l'attraction se fait en raison directe des masses, et Laplace a calculé que la marée atmosphérique doit faire varier périodiquement d'un centième et demi de millimètre la hauteur du baromètre. Il est évidemment impossible d'attribuer à cette mince action les phénomènes considérables des variations du temps.

Les observations les plus rigoureuses ont absolument démontré :

1º Que le temps ne change pas plus les jours des quatre quartiers de la lune que les autres jours du mois ;

2º Que les hauteurs du baromètre aux nouvelles et pleines lunes n'indiquent aucune marée atmosphérique ;

3º Qu'il ne pleut pas plus en moyenne un jour déterminé de la lunaison que tout autre jour. Ajoutons cependant que d'après une communication récente faite à l'Académie des sciences par M. Poincaré, si la lune n'agit pas par la succession de ses phases, elle pourrait néanmoins provoquer de fortes pressions et par conséquent des vents N. de nos régions toutes les fois qu'elle atteint de grandes hauteurs au-dessus de l'horizon lors de son passage au méridien.

Il n'en est pas de même des taches du soleil, qui semblent avoir pour effet de restreindre l'activité solaire et de faire varier la quantité de chaleur qu'il nous envoie ; plus les taches sont nombreuses, plus la température moyenne de l'année diminue.

D'autre part, on a reconnu que la quantité de pluie annuelle semble être proportionnelle au nombre et à l'étendue des taches. Ces études, encore fort imparfaites, ont une très grande importance au point de vue de la prévision du temps à longue échéance, en ce sens qu'elles permettraient d'affirmer la sécheresse ou l'humidité plusieurs années peut-être à l'avance.

Etat de l'atmosphère pendant une rotation des vents.

Examinons, comme application des principes précédents, la succession des divers états de l'atmosphère pendant une rotation directe des vents.

Vents du N. à l'E. — Le baromètre se maintient au-dessus de la moyenne, tant que durent les vents du N. à l'E. ; le thermomètre atteint son minimum en hiver, il est assez élevé en été. Le ciel est clair ou tend à le devenir, ce qui redouble le froid en hiver, et donne en été de belles et tièdes journées, ainsi que des nuits, sereines avec une rosée abondante.

En hiver, si la pluie et la neige sont tombées par les vents du N.-W., et du N., et que le vent s'établisse au N.-E., les ondées ou la neige alternent pendant quelques heures avec le soleil, par suite de la précipitation des vapeurs existantes; mais le vent sec finit par absorber les vapeurs et le temps devient serein.

En été, les vents du N. à l'E. sont généralement secs et assez chauds, et le vent d'E. fait monter le thermomètre.

Vents de l'E. au S. — Durant le règne des vents froids, il faut surveiller attentivement le baromètre et les hautes régions de l'atmosphère par lesquelles débute d'abord le changement de temps.

Un des premiers symptômes est l'apparition des cirrus, qui sont les avant-coureurs du mauvais temps et se tiennent à 7.000 ou 8.000 mètres de hauteur.

Tant qu'ils sont fins et déliés, et que le baromètre reste stable, le centre de dépression est loin de nous, et rien ne menace; mais s'ils se joignent entre eux par un léger voile qui s'étend sur tout le firmament, si le ciel devient laiteux, le baromètre restant indécis, c'est le signe de l'arrivée prochaine d'une dépression.

Bientôt les cumulus qui se sont élevés pendant la journée

s'épaississent le soir et s'accumulent ; le vent d'E. cesse de souffler, ou n'a plus que quelques bouffées passagères ; l'humidité de l'air a augmenté. Le baromètre baisse de plus en plus, le thermomètre monte, le vent tourne au S. et la pluie commence à tomber.

Si cette saute de vent est rapide, la pluie, tombant sur le sol glacé, s'y congèle à son tour et forme du verglas.

Il arrive parfois en hiver, lorsque le vent du S. n'est pas trop chargé d'humidité, que le réchauffement de la tempé-rature suffit à dissoudre les vapeurs, et le ciel redevient serein, toute la vapeur ayant été absorbée par le vent chaud du midi. Alors, en vertu du rayonnement nocturne, le froid augmente au lieu de diminuer, et on éprouve une gelée intense pendant un jour ou deux. Mais bientôt le vent chaud se déclare à terre, le ciel se couvre de nouveau et le dégel commence.

Si le baromètre a baissé lentement, la neige que nous don-naient les vents d'E. s'est transformée lentement en pluie.

Les retours du vent dans la région de l'E. sont très rares ; ils sont accompagnés d'une légère hausse du baromètre, d'une baisse du thermomètre, et donnent alors de la pluie ou de la neige.

En été le vent de S.-E. donne la plus grande somme de chaleur ; si le vent continue à tourner vers le S., le baromè-tre baisse de nouveau, ainsi que le thermomètre. Ces mou-vements indiquent des pluies ; si le thermomètre se main-tient élevé, il y a chance d'orage.

Vents du S. à l'W. — Si le vent se maintient au S. il pourra souvent dissoudre les vapeurs, et provoquer un ciel serein, d'où froid en hiver, belles journées en été et en automne. Ces circonstances se présentent pendant les beaux jours du mois de novembre qui caractérisent la période dite été de la Saint-Martin.

Mais si la rotation continue, le vent du S.-W. amène une grande quantité de vapeurs, et provoque définitivement la pluie; en hiver il décide la hausse du thermomètre, et la baisse en été.

C'est en automne et en hiver que les vents du S.-W. donnent le plus de pluie.

C'est surtout à l'W. que le vent fait des sautes en retour; celles-ci sont assez fréquentes, mais de courte durée; la baisse du baromètre et la hausse du thermomètre annoncent ce rebroussement du vent. Alors l'air plus chaud dissout les vapeurs, et donne une phase de beau temps; mais bientôt le vent reprend sa rotation directe, le temps se refroidit de nouveau et la pluie tombe.

Ces oscillations du baromètre, qui annoncent un temps très variable, et des alternatives d'un ciel pur avec de la pluie ou de la neige, se produisent surtout au printemps, et amènent les averses connues sous le nom de vaux de mars ou giboulées.

Vents de l'W. au N. — En continuant sa rotation, la girouette tourne peu à peu vers le N.; chaque vent est plus froid et plus sec que le précédent; en hiver, la neige succède à la pluie; en été, le ciel commence à s'éclaircir, mais chaque nouveau banc de nuages qui passe donne des averses; le vent du N.-W. est à cette époque le plus froid de tous les vents.

Si la girouette tourne de plus en plus vers le N., la pluie cesse, les nuages se déchirent et disparaissent à l'horizon.

En hiver, si le vent passe de l'W. au N., des nuages épais s'accumulent, le baromètre monte, mais la baisse du thermomètre n'apparaît pas immédiatement, parce que les nuages s'opposent au rayonnement du sol. Souvent alors les vents froids du N. condensent les vapeurs, et provoquent la pluie, la neige et le brouillard. Ces précipitations ont lieu par baromètre montant; mais bientôt le vent sec du N. l'emporte et l'air redevient serein. Ces variations du temps pendant une rotation complète sont résumées dans le tableau suivant.

DIRECTION DU VENT	BAROMÈTRE	THERMOMÈTRE	PRÉVISIONS
N.	Montant......	Descendant en hiver............ Montant en été..	Temps froid et sec. Le vent va passer au N.-E.; la pluie ou la neige tendent à cesser.
	Descendant...	Montant.........	Retour de vent vers l'W.; les nuages s'élèvent, le temps se réchauffe momentanément, mais la pluie arrive lorsque le baromètre reprend sa rotation.
N.-E.	Montant......	»	Beau temps durable.
	Descendant...	Montant.........	Le vent va tourner à l'E.; temps moins froid.
E.	Montant......	Descendant......	Retour de vent vers le N.; pluie froide ou neige.
	Descendant...	Montant.........	Le vent va tourner au S.; pluie en été, dégel en hiver; si la baisse est rapide, le ciel s'éclaircit, un froid plus intense règne pendant 24 heures puis le dégel arrive.
S.-E.	Montant......	Descendant......	Retour du vent vers le N.; trouble du ciel; légères ondées.
	Descendant...	Montant en hiver. Descendant en été	Les nuages s'épaississent, le vent va tourner au S.; le temps devient pluvieux.
S.	Montant......	Descend' en hiver Montant en été..	Retour du vent vers l'E.; ondées.
	Descendant...	Montant en hiver. Descendant en été	Le vent va passer à l'W.: temps lourd et pluvieux; en cas de baisse rapide coup de vent du S.-W. avec thermomètre élevé, orages.
S.-W.	Montant......	Descendant......	Le vent va passer à l'W; pluies encore probables, mais en moindre quantité.
	Descendant...	»	Pluies abondantes; coup de vent du S. à l'W.
W.	Montant....:.	Descendant......	Le vent remonte vers le N.; pluie, neige ou brouillard, mais de peu de durée.
	Descendant...	Montant.........	Retour du vent vers le S.; beau temps passager, pluie au rétablissement de la rotation directe avec le baromètre montant.
N.-W.	Montant......	Montant en été.. Descendant en hiver............	Le vent remonte vers le N.; la pluie va cesser, le temps s'éclaircit et se refroidit.
	Descendant...	Montant.........	Retour de vent vers le S.; temps plus doux, mais pluies certaines dès que le baromètre remonte et que le vent reprend sa rotation.

CONCLUSION

Les prévisions météorologiques et la connaissance des symptômes de changement de temps intéressent au plus haut point le service de l'aérostation militaire, soit pour la pratique des ascensions captives, soit pour les voyages en ascension libre.

Dans le premier cas, la prévision de l'arrivée d'une bourrasque permettra de prendre en temps et lieu les mesures de sécurité nécessaires pour mettre le personnel et le matériel à l'abri (campement du ballon, etc.), et éviter ainsi tout accident.

Dans le second cas, qu'il s'agisse de la sortie d'une place investie, ou d'une reconnaissance tentée par l'assiégeant, au-dessus des positions de la défense, il est indispensable de connaître le plus exactement possible la direction du vent pendant la durée probable de l'ascension, pour éviter tout atterrissage imprévu sur un terrain occupé par l'adversaire.

C'est grâce aux renseignements fournis par le service météorologique que les ballons libres ont pu effectuer en 1870, avec succès, leurs sorties de Paris assiégé.

Pour les ascensions libres exécutées dans le voisinage de la mer, il est indispensable, si l'on ne veut s'exposer aux plus terribles catastrophes, de se renseigner sur l'arrivée éventuelle des dépressions qui peuvent amener une rotation subite du vent régnant.

C'est pour ne pas s'être entourés de renseignements suffisants que les aéronautes Lhoste et Mangot ont péri, le 13 novembre 1888, en partant de la côte normande pour tenter d'atterrir en Angleterre.

Le vent était à l'est, mais un changement de temps était imminent. En effet, dès le 12, la carte du bureau central montre qu'une dépression tend à se former au S.-W. de l'Europe et les avis transmis indiquent « Manche, vent des régions E. ». Le 13 au matin, la situation est des plus nettes, le baromètre baisse sur l'W. de l'Europe, et la dépression qui est encore au large du Portugal s'avance sur nos régions.

Il est dès lors certain que cette dépression va produire une rotation inverse du vent, lequel passera successivement au N.-E., puis au N.

Le ballon partant avec vent d'E. était donc menacé (et c'est sans doute ce qui lui est malheureusement arrivé) d'être poussé vers la pointe S. de l'Angleterre, en décrivant une des spires du mouvement tourbillonnaire, et d'aller se perdre dans l'Atlantique sous l'influence du vent du N.

Enfin tous les progrès accomplis dans le cycle des études météorologiques apportent un précieux appoint à la solution du problème de la navigation aérienne, en permettant de déterminer les époques les meilleures et les altitudes les plus favorables pour qu'un aérostat dirigeable puisse parcourir, avec plus de sûreté, les divers parages du globe.

Les observations que l'on recueille dans le voisinage du sol ne nous renseignent d'ailleurs qu'incomplètement sur les variations atmosphériques ; il faut surtout savoir comment se distribuent les températures, les pressions, la nébulosité, au fur et à mesure qu'on s'élève dans l'atmosphère.

Dans les couches inférieures, la recherche des lois basées sur les observations est difficile au milieu des perturbations produites par l'orographie des pays et la nature du sol ; en haut, on trouve des règles générales qui se dégagent nettement de toute influence locale.

De là ressort le très grand intérêt qui s'attache, d'une part à la création d'observatoires sur les hautes montagnes du globe et d'autre part aux explorations de l'atmosphère telles que celles récemment entreprises au moyen de cerfs-volants ou de ballons-sondes.

Dans ces dernières années, les plus hauts sommets de notre pays, comme le mont Blanc, ont vu s'élever des observatoires où des savants n'ont pas hésité à séjourner dans les conditions de température les plus rigoureuses et les plus pénibles. Pour éviter des lectures d'observations difficiles, d'habiles constructeurs ont imaginé des instruments enregistreurs qu'on a pu laisser pendant l'hiver dans ces régions devenues inaccessibles.

En Amérique, MM. Marvin et Rotch ont montré que l'on pouvait facilement envoyer des appareils de mesure jusqu'à 3.000 mètres de hauteur au moyen de cerfs-volants. Ces derniers engins, utilisables par tous les temps, ne craignent ni la pluie ni la neige, et ont fait leurs preuves par des vents de 15 mètres à la seconde.

Les ballons-sondes, dont les premières ascensions ne furent guère que des essais destinés à montrer qu'il était possible d'atteindre des altitudes de 14 à 15 kilomètres, ont actuellement triomphé des difficultés de toutes sortes que présentaient ces explorations à grande hauteur, et leurs enregistreurs rapportent les observations les plus utiles.

Sous l'impulsion d'une commission internationale, les ascensions sont faites d'une manière méthodique et simultanément dans différents pays, toutes les précautions étant prises pour rendre les instruments comparables.

Grâce aux services d'observations organisés maintenant dans toutes les contrées du globe, on peut espérer voir arriver le jour où la science pénétrera le mécanisme et la succession des lois qui régissent les grands mouvements de l'atmosphère et où la météorologie pourra prévoir avec certitude la vitesse et le sens des fleuves puissants qui sillonnent l'océan aérien.

Lorsque la marche des vents variables sera ainsi déterminée pour nos climats, comme la circulation si régulière des régions tropicales, et que l'on connaîtra la route suivie par les courants supérieurs, dans les hauteurs de l'air, on pourra mettre le cap d'un aérostat sur un point déterminé de la rose des vents, en utilisant pour ce mode idéal de locomotion toute l'énorme vitesse des courants aériens.

FIN

DOCUMENTS CONSULTÉS

La Terre, par E. Reclus.
L'Atmosphère, par Mohn.
L'Atmosphère, par C. Flammarion.
Traité de météorologie, par Houzeau et Lancaster.
Revue scientifique.
Revue maritime et coloniale.
Revue mensuelle d'astronomie et de météorologie.
Bulletin de l'Observatoire central météorologique.
Voyages aériens, par C. Flammarion.
L'Aéronaute.
Revue de l'aéronautique.
Revue du génie.
La Nature.
Comptes rendus de l'Académie des sciences.
Observations météorologiques en ballon, par G. Tissandier.
Les merveilles aériennes, par M. Farman.

TABLE DES MATIÈRES

CHAPITRE V

LE VENT

CHAPITRE VI

PRÉCIPITATION

CHAPITRE VII

L'ÉLECTRICITÉ DANS L'ATMOSPHÈRE

CHAPITRE VIII

LES TROMBES

CHAPITRE IX

LE SON DANS L'ATMOSPHÈRE

CHAPITRE X

LA LUMIÈRE DANS L'ATMOSPHÈRE.

CHAPITRE XI

PRÉVISION DU TEMPS

Paris et Limoges. — Imprimerie militaire Henri CHARLES-LAVAUZELLE.

Librairie militaire Henri CHARLES-LAVAUZELLE
Paris et Limoges.

Guerre franco-allemande de 1870-1871, par le capitaine Ch. Romagny, professeur de tactique et d'histoire à l'Ecole militaire d'infanterie, accompagné d'un atlas comprenant 18 cartes-croquis en deux couleurs (honoré d'une souscription des ministères de la guerre et de l'instruction publique et d'une médaille d'honneur de la Société d'instruction et d'éducation). Volume grand in-8° de 392 pages, et l'atlas.................... 10 »

Guerre de 1870. — **La première armée de l'Est.** — Reconstitution exacte et détaillée de petits combats avec cartes et croquis, par le commandant breveté Xavier Euvrard. — Volume grand in-8° de 268 pages....... 6 »

L'armée de Metz, 1870, par le colonel Thomas. — Vol. in-8° de 252 pages, orné d'un portrait et de deux cartes................. .... 3 »

Le maréchal Bazaine pouvait-il, en 1870, sauver la France? par Ch. Kuntz, major (H. S.), traduit par le colonel d'infanterie E. Girard. — Vol. in-8° de 248 p., avec une carte hors texte des envir. de Metz. 4 »

Campagne de 1870-71. — **Le 13ᵉ corps dans les Ardennes et dans l'Aisne,** ses opérations et celles des corps allemands opposés. Etude faite par le capitaine breveté Vaimbois, de l'état-major de la 10ᵉ division d'infanterie. — Volume in-8° de 224 pages.................. 3 50

La défense de Belfort, écrite sous le contrôle de M. le colonel Denfert-Rochereau, par MM. Édouard Thiers, capitaine du génie, et S. de la Laurencie, capitaine d'artillerie, anciens élèves de l'Ecole polytechnique, de la garnison de Belfort (5ᵉ édition). — Volume in-8° de 420 pages, avec trois cartes et plans en couleurs hors texte...................... 7 50

Histoire militaire de la France depuis les origines jusqu'en 1843, par Emile Simond, capitaine au 28ᵉ d'infanterie. — 2 vol. in-32 de 112 et 102 pages, brochés, l'un. » 50; reliés pleine toile gaufrée, l'un.:.... » 75

Histoire militaire de la France, de 1843 à 1871, par Emile Simond, capitaine au 28ᵉ de ligne. — 2 volumes in-32 de 96 et 104 pages, brochés. l'un.» 50; reliés pleine toile gaufrée............................. » 75

Crimée-Italie. — **Notes et correspondances de campagne du général de Wimpffen,** publiées par H. Galli. *Ouvrage honoré d'une souscription du ministère de la guerre.* — Volume grand in-8° de 180 pages....... 5 »

Tableaux d'histoire à l'usage des sous-officiers candidats aux Ecoles militaires de Saint-Maixent, Saumur, Versailles et Vincennes, par Noël Lacolle, lieutenant d'infanterie. — Volume in-18 de 144 pages. 2 50

Memento chronologique de l'histoire militaire de la France, par le capitaine Ch. Romagny, professeur de tactique et d'histoire à l'Ecole militaire d'infanterie. — Volume in-18 de 316 pages................. 4 »

Campagnes d'un siècle, par le capitaine Ch. Romagny, professeur de tactique et d'histoire à l'Ecole militaire d'infanterie. — Campagnes de 1792 et 1806, 1 volume (4 cartes) — 1800, 1 volume (4 cartes). — 1805, 1 volume (2 cartes). — 1809, 1 volume (3 cartes). — 1812, 1 volume (5 cartes). — 1813, 1 volume (4 cartes). — 1814, 1 volume (1 carte). — 1815, 1 volume (1 carte). — Crimée, 1 volume (3 cartes). — 1859, 1 volume (1 carte). — 1866, 1 volume (4 cartes). — 1877-78, 1 volume (3 cartes). — 12 volumes in-32, brochés. l'un................: » 50
Reliés pleine toile gaufrée............................. » 75

Précis historique des campagnes modernes. Ouvrage accompagné de 37 cartes du théâtre des opérations, à l'usage de MM. les candidats aux diverses écoles militaires (2ᵉ édition). — Vol. in-18 de 232 p., broché. 3 50

Le siège de Lille en 1792, par Désiré Lacroix (2ᵉ édition). — Brochure in-18 de 32 pages, avec un plan pour suivre les phases du bombardement de la place... » 75

Sans armée (1870-1871), Souvenirs d'un capitaine, par le commandant Kanappe. — Volume in-18 de 336 pages, broché................. 3 50